设计师视角下建设工程全文强制性通用规范解读系列丛书

《既有建筑鉴定与加固通用规范》
GB 55021—2021
应用解读及工程案例分析

魏利金　编著

中国建筑工业出版社

图书在版编目（CIP）数据

《既有建筑鉴定与加固通用规范》GB55021—2021 应
用解读及工程案例分析 / 魏利金编著. — 北京：中国
建筑工业出版社，2023.9
（设计师视角下建设工程全文强制性通用规范解读系
列丛书）
ISBN 978-7-112-28886-1

Ⅰ. ①既⋯ Ⅱ. ①魏⋯ Ⅲ. ①建筑结构-鉴定-建筑
规范-中国②建筑结构-加固-建筑规范-中国 Ⅳ.
①TU3-65②TU746.3-65

中国国家版本馆 CIP 数据核字（2023）第 123108 号

为使广大建设工程技术人员能够更快、更准确地理解、掌握、应用和执行《既有建筑鉴定
与加固通用规范》GB 55021—2021 条文实质内涵，作者以近 40 年的工程设计实践经验，结合
典型工程案例，由设计视角全面、系统地解读其全部条文。解读重点关注热点、疑点、细节问
题，诠释其内涵，观点犀利，析其理、明其意。规范全文强制性条文具有逻辑严谨、简练明
确、可操作性强等特点，但由于其只作原则性规定而不陈述理由，对于执行者和监管者来说可
能只知其表，而未察其理。本书全文内容全面、翔实，具有较强的可操作性，可供从事建设工
程相关人员参考使用。

责任编辑：高　悦　王砾瑶
责任校对：王　烨

设计师视角下建设工程全文强制性通用规范解读系列丛书
《既有建筑鉴定与加固通用规范》
GB 55021—2021
应用解读及工程案例分析
魏利金　编著

*

中国建筑工业出版社出版、发行(北京海淀三里河路 9 号)
各地新华书店、建筑书店经销
北京鸿文瀚海文化传媒有限公司制版
建工社（河北）印刷有限公司印刷

*

开本：787 毫米×1092 毫米　1/16　印张：12½　字数：312 千字
2023 年 12 月第一版　　2023 年 12 月第一次印刷
定价：**48.00** 元
ISBN 978-7-112-28886-1
（41604）

前　言

工程建设全文强制性标准是指直接涉及建设工程质量、安全、卫生及环境保护等方面的工程建设标准强制性条文。为建设工程实施安全防范措施、消除安全隐患提供统一的技术法规要求，以保证在现有的技术、管理条件下尽可能地保障建设工程质量安全，从而最大限度地保障建设工程的设计者、建造者、所有者、使用者和有关人员的人身安全、财产安全以及人体健康。工程建设强制性规范是社会现代运行的底线法规要求，全文都必须严格执行。

对于《既有建筑鉴定与加固通用规范》GB 55021—2021（本书后文如无特别说明，所列本规范皆为 2021 年版本，简称《通规》）条文的正确理解与应用，对促进建设工程改造活动健康、有序、高质量发展，保证建设工程安全底线要求，节约投资，提高投资效益、社会效益和环境效益，都具有重要的意义。

《既有建筑鉴定与加固通用规范》条文有两类：底线控制条文和原则性条文。底线控制条文有明确的数值控制界限，设计应用比较容易把控。但原则性条文没有明确的控制界限，笔者认为这个具体界限应参考其他现行规范、标准等执行。

为进一步延伸阅读和深度理解《既有建筑鉴定与加固通用规范》强制性条文的实质内涵，促进参与建设活动各方更好地掌握和正确、合理理解工程建设强制性条文规定的实质内涵，笔者从设计师视角全面解读《既有建筑鉴定与加固通用规范》全部条文。笔者以近 40 年的一线工程设计、审查、顾问、咨询实践经验，紧密结合典型实际工程案例分析，把规范中的重点条文以及容易误解、产生歧义和出错的条文进行了整合、归纳和对比分析，旨在帮助土木工程从业人员更好、更快地学习、应用和深度理解规范的条文，尽快提升自己处理问题的综合能力。

本书共分两篇，第一篇是综合概述。主要内容包括我国既有建筑现状如何、建筑安全现状问题、建筑更新与改造发展历经的几个主要阶段、抗震鉴定与加固标准经历了哪几个阶段、既有建筑后续使用年限是如何提出的、不同后续使用年限建筑的抗震设防目标、什么样的既有建筑需要进行安全鉴定、既有建筑抗震鉴定为什么强调"综合抗震能力法"的评定、今后既有建筑加固改造面临的一些问题、对于既有建筑加固改造工程，应特别注意的几个问题、关于消能减震在既有建筑加固改造工程的应用问题、关于既有建筑加固改造工程责任划分问题，讨论既有建筑业主应该如何运营管理维护等。

第二篇是《既有建筑鉴定与加固通用规范》逐条对照解读。解读内容涉及诸多法规、规范、标准，以概念设计思路及典型工程案例分析贯穿全文，解读通俗易懂，系统翔实，工程案例极具代表性，阐述观点独到而精辟，有助于相关人员全面、系统、正确理解《既有建筑鉴定与加固通用规范》的实质内涵，更有助于尽快提高设计者综合处理问题的能力。

本书可供从事土木工程结构鉴定、设计、审图、顾问、咨询、科研人员阅读，也可供高等院校师生及相关工程技术人员参考使用。希望本书的出版发行能够使读者尽快、全面、正确地理解《既有建筑鉴定与加固通用规范》条款，如有不妥之处，还恳请读者批评指正。

目　录

第一篇　综合概述

第一篇 综合概述

1 我国既有建筑现状如何？

世界城市的发展已有 5000 多年的历史，在今天的发达国家中，城市化的程度大多在 75%～85%。据联合国人居中心预测，到 2050 年，世界城市化水平将达到 61%，21 世纪将成为真正的城市更新时代。

目前，我国的城市化进程也已步入快速高质量发展期，建筑的过度集中和无序建设，使建筑与环境的矛盾日益突出。控制建筑物的建设数量与合理规划成为现代建设者必须重视的问题，同时，提高现存建筑物的使用寿命及功能改善则成为当务之急。

既有房屋改造是国家高度重视的重大民生工程，对既有建筑进行超低能耗改造不仅提升了人民居住水平，还满足了人民对美好生活的追求，而且对带动产业绿色转型具有重要意义。

我国建筑和运行用能占全社会总能耗的 33%。据统计，我国既有居住建筑面积约为 40 亿 m²，普遍为节能效率低、运行能耗高的高耗能建筑。近年来，既有房屋改造取得了一些成绩，但存在"重面子、轻里子"现象，主要侧重于房屋外立面翻新、道路改造、增加电梯等基础设施方面，在提升居住品质与节能等方面措施不足，改造后房屋达不到舒适健康与节能减碳目标。

中华人民共和国成立以来，特别是自 20 世纪 70 年代末、实行改革开放以来，各种房屋建筑以及城市设施数量急剧增加。目前，我国既有建筑总面积已达约 600 亿 m²，其中既有公共建筑总量已达 100 亿 m² 以上。受建筑建设时期技术水平与经济条件等因素制约，以及城市更新发展提档升级的需要，一定数量的既有公共建筑及部分居住建筑已经处于功能或节能等不适应时代发展需要的状态，由此引发了一系列受社会高度关注的既有建筑不合理改建或拆除问题，如果一味简单、粗暴地拆除，将造成社会资源的极大浪费，由此也对既有建筑改造提出了更高的改造要求——由节能改造、绿色改造、功能升级改造、抗震性能提升等改造，提升到整体城市更新的高度。

2 我国既有建筑安全现状问题

既有房屋结构安全与建筑结构设计标准、材料性能、设计水平、施工质量都有直接的关系，同时也与能否正常运维有较大的关系。

我国在1989年系列规范实施之前的房屋建筑结构设计的标准偏低，2000年及以后有较大幅度地提高。

20世纪50—80年代的结构安全性设计标准偏低，当时的建筑方针是"经济合理、技术先进、安全可靠"等，使得1980年及以前建造的既有房屋的安全度比较低，其结构材料、类型也是就地取材。特别是1950—1980年期间，在城市建造的一些筒子楼，有不少采用空斗砖墙等。

进入1990年以后，虽然房屋结构安全度在不断提高，但也带来了一些新的问题，主要是违法违规建设和装修改造、随意变动结构主体，还有就是缺少正常的检测与运维。

据有关部门统计，目前我国现存的各种建（构）筑物，其中绝大多数是钢筋混凝土及砌体结构。新中国成立初期建造的大量的工业与民用建筑，使用年限大多已超过50年，由于在使用过程中缺少必要的检测、维护，会存在各种安全隐患。一些新建成的工程项目中，由于勘察、设计和施工中的技术和管理不到位，导致工程在建成初期就出现各种质量安全隐患。对于这些建筑物，如果不及时采取检测鉴定、加固维修补强措施，就有可能导致重大的安全事故。

另外，目前我国农村住宅建筑面积约230亿m^2，农村住宅能耗占全国建筑总能耗的22%。我国农村建房以传统砖混结构、土坯房为主，这些房屋没有保温措施，气密性差，大量采用传统燃煤、烧柴火取暖，既难达到理想的保温效果，又耗费大量的能源。特别是近几年实施"气代煤、电代煤"后，使用成本明显增高。原有建造体系占用人工成本高，与农村日益减少的劳动力不相适应，且建设周期长、能耗高、舒适性差，在全球能源日趋紧张的形势下，不满足美丽乡村的发展需求。以北方农村地区为例，如果将建筑取暖面积65亿m^2的农村住宅改造成超低能耗建筑，每年可减少标煤约1.6亿t，减少二氧化碳排放约4亿t。同时，可摒弃传统燃煤、烧柴火等化石能耗供暖方式，大幅降低二氧化碳等污染物排放。

据国家统计局资料统计，各年度我国主要既有建筑面积汇总如表1所示。

1985—2020年我国既有建筑情况　　　　　　　　　　　　　　　　表1

时间	1985年以前	1985—1999年	2000—2008年	2009—2014年	总计（至2020年）
竣工面积（亿m^2）	295.8	51.6	132.6	202.26	764

2012—2022年十年间，我国影响较大的房屋倒塌事故有29起，从使用性质看，以住宅类为主的占61%；从结构体系看，以砖混结构为主的占79%；从倒塌原因看，以私自拆改及耐久性问题为主的占74%。

以下举几个近年来的典型倒塌案例。

【工程案例1】2022年4月29日，发生在湖南长沙的居民楼突然垮塌事件。遇难53人，震惊全国。其就是一项改建工程，倒塌房屋如图1所示，本工程为砌体结构，地上6层。

【工程案例2】2020年3月7日19时5分，福建泉州某酒店整体突然垮塌（图2）。这个可以说是近年来国内改造工程倒塌最严重的事件之一，遇难29人，社会影响巨大。

这是由于业主随意改变建筑功能、增加荷载等引起的垮塌事故。该楼原为四层钢框架结构，使用过程中，业主私自增设夹层，变为七层钢框架结构房屋，2020年又私自违规改造。

图1 倒塌建筑图片

图2 倒塌后现场航拍照片

【事故案例3】2014年4月4日9时，浙江宁波奉化市一幢5层居民房发生局部"粉碎性"倒塌（图3），造成多人伤亡。该楼仅建成20年，此前已确定为C级危房。

图3 浙江宁波奉化市一幢5层楼倒塌

3　我国既有建筑更新与改造发展经历的几个主要阶段

城市更新和既有建筑改造是探索城市更新的路径和机遇，探索城市更新更是新时代下的新模式，将城市、文化、产业与人高度融合共生成为城市更新的大势所趋。未来，城市更新和既有建筑改造必然会成为土木行业发展的重要方向。

我国既有建筑改造总体呈现由单项改造、绿色节能综合改造，再到综合性能提升改造的三个阶段。

第一阶段（20世纪70年代至2006年）的单项改造阶段，改造政策主要围绕危房改造、节能改造、抗震加固改造等方面。

第二阶段（2006年至2016年）的绿色化、综合改造阶段，主要围绕安全性、节能节水改造、功能性改造、环境改善等绿色化改造内容，关注气候变化，强调建筑低碳发展。

第三阶段（2016年至今）的综合性能提升改造阶段，主要围绕我国既有建筑改造的综合性能提升。

如在既有建筑改造过程中，受城市整体发展规划调整或建筑使用需要变化的影响，时常会发生建筑类型的变化或使用功能的变更。目前，建筑类型的变化主要是既有的工业建筑通过改造变为办公、商业等用途，而部分既有办公建筑改为养老建筑，商业建筑改为酒店建筑，酒店建筑改为办公建筑等。

4　我国抗震鉴定与加固标准经历了哪几个阶段？各个阶段的特点如何？

我国的抗震鉴定与加固标准主要经历了以下三个阶段：

1) 第一阶段为试点起步阶段（1966—1976年），大致是1966年的河北邢台地震后至1976年的唐山大地震前。1968年编制了《京津地区一般民用建筑、单层工业厂房、农村房屋及烟囱、水塔等的抗震鉴定标准（草案）和抗震措施要点》；1975年编制了《京津地区工业与民用建筑抗震鉴定标准（试行）》，9月正式实施。该阶段的主要特点是研究探索抗震鉴定与加固的基本技术与管理方法。

2) 第二阶段为蓬勃发展阶段（1976—1989年），大致是唐山大地震后至《建筑抗震设计规范》GBJ 11—1989正式颁布实施之前。在此期间我国开展了大规模的抗震鉴定与加固的研究与工程应用实践，颁布实施了适用抗震设防烈度7～9度区的《工业与民用建筑抗震鉴定标准》TJ 23—1977及配套的《工业建筑抗震加固图集》GC 01、《民用建筑抗震加固图集》GC 02。这个阶段的主要特点是建立了抗震鉴定与加固的管理体制，采用普查、分类、排队、立项的方法，然后按抗震鉴定、设计审批、组织施工、竣工验收等的程序进行。对抗震鉴定与加固技术及时进行总结，为第三阶段奠定了坚实的技术基础。

3) 第三阶段为综合发展阶段（1989—2009年），大致是《建筑抗震设计规范》GBJ 11—1989正式颁布实施之后。在此期间我国颁布实施了比较科学、合理的相关标准，即《建筑抗震鉴定标准》GB 50023—1995、《建筑抗震加固技术规程》JGJ 116—1998。本阶段的主要特点有如下几项：

(1) 考虑到低烈度设防区发生高烈度地震影响的可能性较大，因此将需进行抗震鉴定与加固的范围扩大到了6度区。

（2）现有建筑的抗震鉴定方法有了重大改进，《工业与民用建筑抗震鉴定标准》TJ 23—1977 强调单个结构构件的抗震能力评定，《建筑抗震鉴定标准》GB 50023—1995 则强调结构抗震能力的综合分析评定。

（3）这一时期的许多既有建筑，其使用功能已经不能满足当时的需要，需进行建筑的功能改造，结合功能改造进行抗震鉴定加固也是这一时期的重要特点。

5　我国既有建筑后续工作年限是如何提出的？

后续工作年限是指对现有建筑继续使用所约定的一个正常使用时期，在这个时期内，建筑只需进行正常运维，而不需进行大修，就能按预期目的使用，完成预定的功能。这个概念的提出是吸收我们国家的科研成果，将抗震鉴定与后续工作年限结合起来，具有非常重要的现实意义。在 1998 年的国际标准《结构可靠性的一般原则》ISO 2394：1998 中，开始提出既有建筑的可靠性评定方法。该标准强调了依据用户提出的工作年限对可变作用采用折减系数的方法进行相应减少，并对结构实际承载力（包括实际尺寸、配筋、材料强度、已有缺陷等）与实际受力进行比较，从而评定其可靠性。当可靠程度不足时，鉴定的结论可包括：出于经济理由保持现状，减少荷载，修补加固或拆除等。

6　我国不同后续工作年限建筑的抗震设防目标是什么？

后续工作年限 50 年的既有建筑具有与现行国家标准《建筑抗震设计规范》GB 50011 相同的设防目标；这条规定了既有建筑抗震鉴定的设防目标在相同概率保证的前提下与现行国家标准《建筑抗震设计规范》一致，所不同的是《建筑抗震鉴定标准》GB 50023—2009 指在合理的后续工作年限内应满足"小震不坏、中震可修、大震不倒"的抗震设防目标。因此，在遭遇同样的地震影响时，后续工作年限少于 50 年的建筑，其损坏程度要略大于后续工作年限 50 年的建筑。当按后续工作年限 30 年进行鉴定时，按照《建筑抗震鉴定标准》GB 50023—1995 的 1.0.1 条，其设防目标是"在遭遇设防烈度地震影响时，经修理后仍可继续使用"，即意味着，也在一定程度上达到大震不倒塌。这里需要提出两点说明：

（1）上述设防目标是在后续工作年限内具有相同概率保证前提条件下得到的，因此从概率意义上既有建筑的设防目标与新建工程的设防目标一致。对新建工程或是既有建筑的 C 类建筑，其小震、中震和大震的定义是指 50 年内超越概率分别为 63%、10%、2%时的地震影响，对 A、B 类现有建筑而言，则是在后续工作年限 30 年或 40 年内分别达到上述超越概率时的地震影响。

（2）尽管从概率角度来看，既有建筑的抗震目标与新建工程的设防目标是一致的，但对于一次特定的地震后，后续工作年限少于 50 年的建筑，其损坏程度要略大于后续工作年限 50 年的建筑，其三水准设防的含义是：小震时主体结构构件可能会有轻度损坏，中震可能损坏较为严重、修复难度较大。

7　"双碳"目标下既有建筑加固改造中碳排放思考

1）前言

建筑行业作为三大"能耗大户"之一，如何实施碳减排、制定双碳路线图是"十四五"期间的重点，同时建筑行业也成为实现"双碳"目标不可跨越的一道关口。

2）几个术语解释

（1）碳达峰：碳达峰指碳排放达峰，二氧化碳排放量在某一个时期达到历史最高值，达到峰值之后逐步降低。碳达峰是一个过程，可以在一定范围内波动，之后进入平稳下降阶段。

（2）碳中和：碳中和指的是在特定时期内，人为产生的二氧化碳排放与其吸收达到平衡。也可广义理解为所有温室气体的排放量与吸收量达到平衡状态。

（3）碳交易：碳交易即把二氧化碳排放权作为一种商品，买方通过向卖方支付一定金额从而获得一定数量的二氧化碳排放权，进而形成了二氧化碳排放权的交易。

（4）碳汇：碳汇是指吸收大气中的二氧化碳，从而减少温室气体在大气中的浓度的过程、活动或机制，包括森林碳汇、草地碳汇、耕地碳汇、土壤碳汇、海洋碳汇。

3）对"双碳"目标的几个认知误区

建筑业作为我国国民经济的支柱产业，面临碳排放量大、能耗高等问题，减少建筑业碳排放，对实现我国建筑领域碳达峰、碳中和具有重大意义。但同时也应厘清以下一些认识误区。

（1）碳中和看政府

碳中和是一场深刻的社会性变革，将在未来一段时间内为我国带来翻天覆地的变化，包括日常生活、交通出行、学校教育、就业环境、行业发展、产业转型等等方方面面都将受到碳中和的影响。

（2）建筑碳中和＝零碳建筑

建筑业减碳路径不等于全面构建零碳建筑，这既缺乏规模效益，也无跨行业协同，成本很高。据统计，超低能耗建筑的增量成本为 $600\sim1000$ 元$/m^2$，甚至更高。要实现建筑零能耗和零碳排放，增量成本会更高。

因此，不能狭义地认为建筑业碳中和就是零碳建筑，我们应该注重低碳绿色技术的推广和应用，推广太阳能光伏光热的使用，实现建筑用电用水零碳等；同时，大力采用屋顶绿植等方案，实现建筑碳汇，助力建筑碳中和。

（3）碳中和建筑新

规划是建筑领域碳中和的起点，新建区域的规划应包含碳目标预测和碳排放预算分解，在设计中以限碳设计实现规划的碳排放目标。所以，新建建筑的碳减排只是执行问题，难度并不是很大。

据有关部门统计，有的城市既有建筑面积占比已达八成以上，这些既有建筑的改扩建产生的二氧化碳量占比很大，不容忽略。

（4）碳中和阻碍经济增长和社会发展

建筑实现碳中和目标可能会在一定程度上影响某些高碳行业的利益，但从可持续发展角度看，实现碳中和是一个经济社会发展的综合战略，能够助力产业转型、升级，健康持续发展。

4）"双碳"目标下建筑行业动向

"双碳"目标的提出，对于建筑行业来说，既是挑战也是机遇。可持续发展不再是企业自身"高标准严要求"的加分项，而是生存和发展的"及格线"，这对建筑领域企业产生了硬性的转型驱动力，企业开始直面低碳转型和业务发展的双重压力。为了建筑行业更好地实现碳达峰、碳中和，主管部门颁布了指导文件、标准；政府和社会成立了相应的组织。

（1）主管部门颁布指导文件

2020年7月24日，住房和城乡建设部、国家发展改革委等7部门联合印发的《绿色建筑创建行动方案》明确提出，到2022年，城镇新建建筑中绿色建筑面积占比达到70%，且鼓励各地因地制宜推动超低能耗建筑、近零能耗建筑发展。

2021年9月8日，住房和城乡建设部正式发布了国家强制性规范《建筑节能与可再生能源利用通用规范》GB 55015—2021，自2022年4月1日起实施。这是建筑节能与可再生能源利用领域唯一一本国家全文强制性规范。新建、扩建和改建建筑以及既有建筑节能改造均应提供建筑碳排放分析报告。

（2）政府和社会成立的相关组织

① 碳排放统计核算工作组

为认真贯彻落实习近平主席提出的"3060"碳达峰、碳中和目标，统筹做好碳排放统计核算工作，加快建立统一、规范的碳排放统计核算体系，碳达峰、碳中和工作领导小组办公室成立了碳排放统计核算工作组，负责组织协调全国及各地区、各行业碳排放统计核算等工作。

② 全国碳排放权交易系统

2021年6月，全国碳排放权交易系统在上海环境能源交易所挂牌成立，明确了全国碳排放权交易制度的五大核心要素，负责组织开展全国碳排放权集中统一交易。碳排放配额可以采取协议转让、单向竞价或者其他符合规定的方式在碳排放系统中进行交易。

5）建筑业"双碳"实现路径

建筑业实现"双碳"目标的路径主要包含两方面，一方面是对建筑"做减法"——减少碳排放，另一方面是对建筑"做加法"——增加碳吸收。

（1）减少碳排放

① 完善政策支持和保障机制。对于不同的建筑使用功能，关注的侧重点应该不同，对于居住建筑应侧重于降低建造拆除碳排放和延长建筑寿命；对于公共建筑应重点解决能耗问题，注重提高建筑质量，控制房屋建筑规模。

② 提高绿色可再生能源利用水平。利用太阳能、地热能、空气能、风能等可再生能源满足建筑用能需求。一方面，最大限度地利用太阳能发电；另一方面，在建筑周边设置地热井，将浅表地热能和屋顶太阳能热水系统相结合，为冬季供暖和夏季制冷提供相对稳定的能源。同时，加强建筑光伏一体化应用，将光伏储能与建筑美学结合，实现建筑碳中和。

③ 提高建筑能效水平。为尽快实现建筑领域碳中和目标，提升新建建筑能效是有效的措施之一，采用被动式技术与主动式高效技术相结合的方式，通过自然通风、自然采光、提升围护结构保温隔热效果等方式减少需求造成的碳排放；通过使用节能变压器、节能给水排水系统和暖通系统降低建筑能耗造成的碳排放。

④ 使用绿色低碳建材。根据《中国建筑能耗研究报告（2020年）》，建材生产阶段碳排放约占建筑全过程碳排放总量的55%。因此，在建筑建造过程中，提高绿色建材的使用

比例，可有效减少建筑全过程的碳排放。

⑤ 推广新型绿色低碳建造技术。装配式建筑相较于传统现浇建筑：木材消耗量节约 $0.056m^3/m^2$，保温材料节约 $0.6585m^3/m^2$，水泥砂浆节约 $0.03658m^3/m^2$，水资源节约 $0.021m^3/m^2$，电力节约 $1.8218kWh/m^2$，建筑固体废弃物节约 $16.42kg/m^2$。

（2）增加碳吸收

对于建筑领域，增加碳吸收主要是生态固碳，提高固碳、碳汇能力。在建筑规划设计过程中，引入人工湿地，使建筑与自然和谐共生，碳汇及固碳能力将显著提升。屋顶能耗占建筑总能耗的8%左右，在屋面上进行绿化种植，利用植物光合作用和蒸腾特性，能够吸收二氧化碳，起到固碳、吸尘、降温作用。

8　既有建筑"检测"与"鉴定"有哪些区别？

笔者经常遇到业主咨询，说想要一份检测报告，仔细询问其检测的目的时，业主说是想了解房屋是否安全，这时候笔者都会对其进行纠正，这是鉴定报告。

检测是指通过专用仪器和设备对房屋的结构和构件的特性、参数、缺陷进行测定，必要时辅以验算。

鉴定是指根据对房屋的检查和检测结果，依据国家、行业和省市等地方相关鉴定标准，对房屋的特性进行评定。房屋鉴定主要有安全性鉴定、危险性鉴定、可靠性鉴定、完损等级评定和抗震性能鉴定。

检测和鉴定既有区别又有联系，鉴定必须以检测的结果为依据，但检测和鉴定需要的是两个工种、两种能力。举个医院的例子，入院的抽血化验、拍片是检测，医生大夫看了检查结果下诊断是鉴定。检查环节需要精密的仪器、熟练的操作人员，诊断环节需要大夫有多年的医学理论知识和丰富的诊断经验，一般人入院恐怕不会愿意由检查员工直接出具诊断报告。对于房屋建筑工程而言，具有检测资质的机构具有的是检测能力，具有设计资质的单位才具有比较完备的建模、整体验算和综合评估能力。

很多人对房屋"检测"和"鉴定"分不清楚，认为检测与鉴定是一个概念，其实不然，检测与鉴定两者关系密切，但又有所区别。简言之，检测是鉴定的前提，鉴定是在检测结果基础上进行的分析与评定。

再看看建筑结构"检测"与"鉴定"各自需要做哪些方面工作。

1）常规检测内容

（1）结构外观损伤检查；

（2）结构布置检查；

（3）构件尺寸检查；

（4）材料强度检测；

（5）混凝土构件碳化深度、保护层厚度、裂缝情况、钢筋配置检测；

（6）砌体结构强度、砌筑砂浆强度、构造柱、圈梁等检测；

（7）钢结构焊缝、螺栓等连接质量检测，防腐蚀、防火涂料检测；

（8）建筑及构件变形检测；

（9）对于缺少设计图纸的工程，还需要对整体及构件进行详细的实测，绘制主要平面布置图等，检测只提供检测数据。

2）鉴定内容

（1）安全性鉴定；

（2）可靠性鉴定；

（3）抗震安全性鉴定；

（4）专项鉴定：耐久性鉴定、振动专项鉴定、舒适度专项鉴定、疲劳专项鉴定等；

（5）对既有结构进行鉴定的过程中也需要对结构进行计算分析。鉴定时需要给出可判断结构安全、使用性能的结论。

3）2023年3月住房城乡建设部发布《建设工程质量检测机构资质标准》（建质规〔2023〕1号）

为加强建设工程质量检测（以下简称质量检测）管理，根据《建设工程质量管理条例》《建设工程质量检测管理办法》，制定建设工程质量检测机构（以下简称检测机构）资质标准。

一、总则

（一）本标准包括检测机构资历及信誉、主要人员、检测设备及场所、管理水平等内容（见附件1：主要人员配备表；附件2：检测专项及检测能力表）。

（二）检测机构资质分为二个类别：

1. 综合资质

综合资质是指包括全部专项资质的检测机构资质。

2. 专项资质

专项资质包括：建筑材料及构配件、主体结构及装饰装修、钢结构、地基基础、建筑节能、建筑幕墙、市政工程材料、道路工程、桥梁及地下工程9个检测机构专项资质。

（三）检测机构资质不分等级。

二、标准

（四）综合资质

1. 资历及信誉

（1）有独立法人资格的企业、事业单位，或依法设立的合伙企业，且均具有15年以上质量检测经历。

（2）具有建筑材料及构配件（或市政工程材料）、主体结构及装饰装修、建筑节能、钢结构、地基基础5个专项资质和其他2个专项资质。

（3）具备9个专项资质全部必备检测参数。

（4）社会信誉良好，近3年未发生过一般及以上工程质量安全责任事故。

2. 主要人员

（1）技术负责人应具有工程类专业正高级技术职称，质量负责人应具有工程类专业高级及以上技术职称，且均具有8年以上质量检测工作经历。

（2）注册结构工程师不少于4名（其中，一级注册结构工程师不少于2名），注册土木工程师（岩土）不少于2名，且均具有2年以上质量检测工作经历。

（3）技术人员不少于150人，其中具有3年以上质量检测工作经历的工程类专业中级及以上技术职称人员不少于60人、工程类专业高级及以上技术职称人员不少于30人。

3. 检测设备及场所

（1）质量检测设备设施齐全，检测仪器设备功能、量程、精度及配套设备设施满足9个专项资质全部必备检测参数要求。

（2）有满足工作需要的固定工作场所及质量检测场所。

4. 管理水平

（1）有完善的组织机构和质量管理体系，并满足《检测和校准实验室能力的通用要求》GB/T 27025—2019要求。

（2）有完善的信息化管理系统，检测业务受理、检测数据采集、检测信息上传、检测报告出具、检测档案管理等质量检测活动全过程可追溯。

（五）专项资质

1. 资历及信誉

（1）有独立法人资格的企业、事业单位，或依法设立的合伙企业。

（2）主体结构及装饰装修、钢结构、地基基础、建筑幕墙、道路工程、桥梁及地下工程等6项专项资质，应当具有3年以上质量检测经历。

（3）具备所申请专项资质的全部必备检测参数。

（4）社会信誉良好，近3年未发生过一般及以上工程质量安全责任事故。

2. 主要人员

（1）技术负责人应具有工程类专业高级及以上技术职称，质量负责人应具有工程类专业中级及以上技术职称，且均具有5年以上质量检测工作经历。

（2）主要人员数量不少于《主要人员配备表》规定要求。

3. 检测设备及场所

（1）质量检测设备设施基本齐全，检测设备仪器功能、量程、精度，配套设备设施满足所申请专项资质的全部必备检测参数要求。

（2）有满足工作需要的固定工作场所及质量检测场所。

4. 管理水平

（1）有完善的组织机构和质量管理体系，有健全的技术、档案等管理制度。

（2）有信息化管理系统，质量检测活动全过程可追溯。

三、业务范围

（六）综合资质

承担全部专项资质中已取得检测参数的检测业务。

（七）专项资质

承担所取得专项资质范围内已取得检测参数的检测业务。

四、附则

（八）本标准规定的技术人员是指从事检测试验、检测数据处理、检测报告出具和检测活动技术管理的人员。

（九）本标准规定的人员应不超过法定退休年龄。

（十）本标准中的"以上"、"不少于"均含本数。

（十一）本标准自发布之日起施行。

（十二）本标准由住房和城乡建设部负责解释。

附件1

主要人员配备表

序号	专项资质类别	主要人员	
		注册人员	技术人员
1	建筑材料及构配件	无	不少于20人，其中具有3年以上质量检测工作经历的工程类专业中级及以上技术职称人员不少于4人
2	主体结构及装饰装修	不少于1名二级注册结构工程师，且具有2年以上质量检测工作经历	不少于15人，其中具有3年以上质量检测工作经历的工程类专业中级及以上技术职称人员不少于4人、工程类专业高级及以上技术职称人员不少于2人
3	钢结构	不少于1名二级注册结构工程师，且具有2年以上质量检测工作经历	不少于15人，其中具有3年以上质量检测工作经历的工程类专业中级及以上技术职称人员不少于4人、工程类专业高级及以上技术职称人员不少于2人
4	地基基础	不少于1名注册土木工程师（岩土），且具有2年以上质量检测工作经历	不少于15人，其中具有3年以上质量检测工作经历的工程类专业中级及以上技术职称人员不少于4人、工程类专业高级及以上技术职称人员不少于2人
5	建筑节能	无	不少于20人，其中具有3年以上质量检测工作经历的工程类专业中级及以上技术职称人员不少于4人
6	建筑幕墙	无	不少于15人，其中具有3年以上质量检测工作经历的工程类专业中级及以上技术职称人员不少于4人、工程类专业高级及以上技术职称人员不少于2人
7	市政工程材料	无	不少于20人，其中具有3年以上质量检测工作经历的工程类专业中级及以上技术职称人员不少于4人
8	道路工程	无	不少于15人，其中具有3年以上质量检测工作经历的工程类专业中级及以上技术职称人员不少于4人、工程类专业高级及以上技术职称人员不少于2人
9	桥梁及地下工程	不少于1名一级注册结构工程师、1名注册土木工程师（岩土），且具有2年以上质量检测工作经历	不少于15人，其中具有3年以上质量检测工作经历的工程类专业中级及以上技术职称人员不少于4人、工程类专业高级及以上技术职称人员不少于2人

　　基于以上所述规定，笔者认为今后对检查单位将不断提高资质要求，特别是对一级注册结构工程师和高级职称的要求，各位朋友，如果做设计"厌烦"了，可以朝这个方向发展一下，未来检测市场潜力巨大。

　　当然，无论哪个方向，都需要不断提升自己的综合能力，这是唯一的选择。

9　什么样的既有建筑需要进行安全鉴定？

　　1）《通规》GB 55021—2021 第2.0.2条规定，有以下几种情况的既有建筑应进行鉴定

　　（1）达到设计工作年限需要继续使用；

（2）改建、扩建、移位以及建筑用途和使用环境改变前；

（3）原设计未考虑抗震设防或抗震设防要求提高；

（4）遭受灾害或事故后；

（5）存在较严重的质量缺陷或损伤、疲劳、变形、振动、毗邻工程施工影响；

（6）日常使用中发现安全隐患；

（7）有要求进行质量评价时；

（8）对于烂尾楼，继续建设时，也应进行鉴定（本条为笔者补充）。

本条款规定了既有建筑的鉴定包括常规的安全性鉴定与抗震鉴定、使用过程中的例行检查评估、应急性鉴定以及政府有特殊要求时的鉴定。

2）针对本条以下几个问题需要探讨

（1）何谓"改建"工程，何为"扩建"工程

改建工程？扩建工程？剪不断理还乱！笔者注意到《通规》GB 55021—2021第2.0.2条第（2）款中将"改建、扩建"项目也纳入了需进行鉴定的范畴，为什么要提及这样的问题？

请读者注意，《建筑与市政工程抗震通用规范》GB 55002—2021第1.0.2条：抗震设防烈度6度及以上地区的各类新建、扩建、改建建筑与市政工程必须进行抗震设防，工程项目的勘察、设计、施工、使用、维护等必须执行本规范。

同是通用规范，都出现了改建工程和扩建工程，那么改建工程与扩建工程的界限是什么？改建、扩建工程又应该执行哪一本规范？实际工程中遇到这样的问题，工程技术人员如何正确把握？请读者参考《建筑工程质量管理条例》中的相关规定，其释义如下：

① 改建：指不增加建筑物或建设项目体量，改善建筑物使用功能，改变使用目的，对原有工程进行改造的建设项目。企业为了平衡生产能力，增加一些附属建筑，辅助车间或非生产性工程，也属于改建项目。

② 扩建：指在原有基础上加以扩充的建设项目，对于建筑工程，扩建主要指在原有基础上加高加层，但需重新建造基础的工程属于新建工程。

笔者认为上述释义还是比较确切的，改建以建筑物的内部改造为主，扩建主要指加层改造（含内部及顶部加层），也应包括紧贴原有建筑的外部扩建。对于改建项目，可按本《通规》GB 55021—2021的要求执行，对于扩建项目，原有建筑按《通规》GB 55021—2021的要求执行，但对加层改造项目应按新建工程考虑，同时原有建筑按C类建筑进行鉴定与加固。对于"平改坡"项目，只要坡屋顶不超过一层仍按《通规》GB 55021—2021的要求执行，对于外贴加建项目（包括外加电梯），外贴部分应按新建工程考虑，原有建筑按既有建筑进行鉴定。

但实际工程中的情况很复杂，必要时需根据改、扩建工程的规模进行专门的论证。

（2）《通规》GB 55021—2021第2.0.2条第（3）款如何执行

这款是否必须执行，笔者的看法是"要执行，但不是立即执行"。我国各地的抗震设防要求变化很大，以下是《建筑抗震设计规范》GB 50011—2010（2016年版）编制组提供的2016年版全国城镇地震动参数变化的统计情况，设防参数不变的占56.5%，提高一档的占29.5%，提高两档的占1.05%，提高三档的占0.03%，设防烈度未提高但T_g改变的占12.76%。此外，这些城镇中尚有许多未考虑抗震设防的房屋。

目前，正在进行全国自然灾害综合风险普查，相信最后的普查结果不容乐观，国家层面应该考虑不同地域的地震危险性、地震易损性、经济发展水平、人员伤亡和灾害损失预估等因素，有计划、分步骤地实施鉴定加固计划。

（3）关于安全性鉴定和抗震鉴定的关系

长期以来，关于结构安全性鉴定是否应考虑地震作用一直存在争议。

《工程结构设计基本术语标准》GB/T 50083—2014 中对安全性的定义为"结构在正常施工和正常使用条件下，承受可能出现的各种作用的能力，以及在偶然事件发生时和发生后，仍保持必要的整体稳定性的能力"。在现行《建筑结构荷载规范》GB 50009 等相关规范标准中均有解释说明偶然作用包括地震。因此，从广义上讲，结构安全性包括抗震安全性。

但具体到"安全性鉴定"，《通规》GB 55021—2021 在条文说明中解释为"在永久荷载和可变荷载作用下承载能力"的鉴定，明确将正常使用条件下的安全性鉴定和考虑地震作用下的抗震鉴定加以区分，这可能是考虑到我国既有房屋安全管理的历史和现状。但该条文又强调须同时进行两种鉴定，因此即使委托方委托进行房屋安全性鉴定也不能不考虑抗震。大多数委托方是不了解规范的，作为鉴定机构应予以解释和引导。

笔者建议在具体做法上，如初步判断房屋抗震性能可以满足相应要求，为减轻工作量，可直接将两种鉴定合并进行。如初步判断房屋抗震性能不能满足要求，可将安全性和抗震性能分开评定。如正常使用条件下房屋安全性明显不能满足要求时，一般情况下不必再进行抗震性能评定。

10 既有建筑抗震鉴定为什么强调"综合抗震能力法"的评定？

房屋的抗震设计包括抗震验算和抗震措施两个方面，抗震验算是实现第一水准设防目标的保证，抗震措施是实现第三水准设防目标的保证。

对于新建工程的抗震设计，实现第三水准设防目标的做法是在构件层次同时满足抗震验算和抗震措施两方面的要求。

然而，对于既有建筑而言，如果要做到每个构件的承载力和构造措施都达到规范规定的要求是不现实的，如果要满足其结果，势必会造成对每个构件进行加固，不仅加固工作量大，而且对原有结构的伤害更大，甚至还会因加固方法及措施不当产生新的软弱楼层致使结构倒塌。

我们知道，结构在地震作用下的性能可由图 4 进行说明。图中三条曲线表示了三类结构在地震作用下的性能，曲线一属于承载能力高但延性差的脆性结构，曲线二表示承载能力适中、结构屈服后变形能力适中的结构，曲线三为承载能力低但结构屈服后变形能力强的延性结构。只要三条曲线下所包围的面积相等，就表明结构所耗散的地震能量相等，在地震作用下的性能也比较接近，因此上述曲线综合反映了结构抗震承载能力与变形能力，也就是结构的综合抗震能力。

图 4 中目标曲线代表结构达到规定设防标准，只要曲线一、二、三穿越了目标曲线（即与目标曲线有交叉点），都可认为结构能够达到预定的设防目标。实现该目标的途径有两个：一是承载能力达到了要求，与目标曲线形成一个交点；二是虽然承载能力未能达到预定的要求，但结构具有足够的变形能力，同样也与目标曲线形成一个交点。在既有建筑

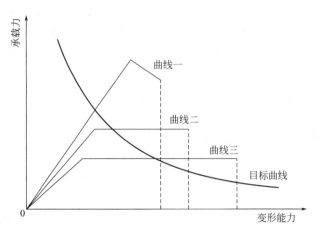

图 4　变形能力—承载力关系

的抗震加固中，也可借用上述概念。针对既有结构的特点：可以采用通过提高结构承载力的方式加固，使之达到预期的目标要求；也可以采用不提高结构承载力而是提高结构延性的方式加固，同样使之达到预期的设防目标要求。

　　对既有建筑的抗震鉴定与加固，以"综合抗震能力法"作为衡量指标具有非常重要的现实意义。首先，具有理论依据。抗震措施是根据地震灾害和工程经验等所形成的基本设计原则和设计思想而进行的建筑和结构总体布置以及细部构造措施等抗震设计内容，这些措施的加强有助于提高结构的综合抗震承载力，这是经过多次震害证明的；其次，强调"综合抗震能力"。对于既有建筑的抗震鉴定，由于其抗震构造措施已经既成事实，有些可以通过加固处理，有些可能即使通过加固等处理也很难达到构造要求，这样通过提高抗震承载力在一定程度上和一定范围内弥补这些措施对综合抗震能力的不足，只要最终考虑了抗震措施不足以后的抗震承载力满足《既有建筑鉴定与加固通用规范》GB 55021—2021的要求，即可认为该房屋满足鉴定标准的要求。

11　重点设防分类（乙类）既有建筑如何进行抗震鉴定？

　　重点设防分类（乙类）建筑其抗震措施核查和抗震验算的鉴定应符合下列要求：6～8度应按比本地区设防烈度提高1度的要求核查其抗震措施，9度时应适当提高要求；抗震验算应按不低于本地区设防烈度的要求采用。但需要说明的是：在《建筑抗震鉴定标准》GB 50023—2009中，凡已明确规定乙类建筑鉴定要求的条款无需再按提高1度的要求进行核查，没有专门明确乙类的抗震措施，则均需按提高1度的规定进行相应的检查。

　　"多层砌体房屋"一章中，在"房屋的最大高度（m）和层数限值"查表时规定："乙类设防时应允许按本地区设防烈度查表，但层数应减少一层且总高度应降低3m"；另外，A类砌体房屋鉴定时关于构造柱的设置要求按照当地设防烈度直接查《建筑抗震鉴定标准》GB 50023—2009表 5.2.4-1即可。其余没有规定的均按照《建筑抗震鉴定标准》GB 50023—2009中第1.0.3条的规定提高1度核查抗震措施。

　　"多、高层钢筋混凝土房屋"一章中，房屋适用最大高度不属于抗震措施，按照本地设防烈度查表，其余没有专门明确规定的均应该按照《建筑抗震鉴定标准》GB 50023—

2009 中第 1.0.3 条的规定按照提高 1 度核查抗震措施，包括鉴定时抗震等级的确定。地基基础的鉴定由于已经考虑了建筑工程的抗震设防类别，按照《建筑抗震鉴定标准》GB 50023—2009 第 4 章的相应规定直接鉴定即可。地基抗液化措施，对乙类不采用提高 1 度的方法，而是直接给出规定。

12 既有砌体结构顶部增加轻钢结构或钢筋混凝土框架结构顶部增加轻钢结构房屋的抗震鉴定和加固是否也依据现行《建筑抗震鉴定标准》GB 50023 进行？

近些年来，有不少地方出现这样一些房屋，即砌体结构顶部增加钢结构，或者钢筋混凝土框架结构顶部增加钢结构，对于这类房屋如何进行抗震鉴定。事实上，所有版本的《建筑抗震设计规范》中均没有规定此种结构形式的设计计算以及有关要求，因为这样的结构中上下部分的阻尼比不同，且上下部刚度存在突变，上下结构存在着相互作用，由于现有的规范中没有这样的结构形式，因而最初设计时就属于超规范、超规程设计建筑，这类房屋建造时，其设计方法就应该经过专门研究，并应按照国务院《建筑工程勘察设计管理条例》第 29 条的要求执行，即也应该由省级以上有关部门组织建设工程技术专家委员会对设计进行过审定。故对这类当时超规范设计的加层结构进行抗震鉴定，也应遵循当时这类房屋设计时的程序，即需要按照设计该房屋时经过专门研究和审定后的计算方法和结果并结合现状进行鉴定。如当时没有经过专门研究，又明显存在抗震薄弱环节的应进行合理改造或者拆除。

13 对于既有单层大空间房屋如何鉴定？为什么说确定鉴定归属范围非常重要？

对阶梯教室、大会议室等单层大空间房屋进行抗震鉴定时，首先要确定该房屋应该依据《建筑抗震鉴定标准》GB 50023—2009 里哪一章节的条文进行鉴定。例如，如果是框架结构则应参考《建筑抗震鉴定标准》GB 50023—2009 第 5 章关于"多高层钢筋混凝土结构"的鉴定条文进行鉴定，这时一般不会出现问题。更多的时候，这些阶梯教室、大会议室等单层大空间房屋是属于由砖墙或者砖柱承重的砌体结构，这时一定注意不要依据《建筑抗震鉴定标准》GB 50023—2009 关于"多层砌体房屋鉴定"的条文进行鉴定，而应该依据"单层砖柱厂房和空旷房屋"的鉴定条文进行鉴定。这类房屋一般情况下没有层高和横墙间距等类似多层砌体结构鉴定要求的限值，应该严格按照"单层砖柱厂房和空旷房屋"的相应条款进行鉴定。由上述可以看出，确定鉴定归属范围非常重要，如果以上所述单层砖混大空间结构按照多层砌体房屋的要求进行鉴定，则会得出截然不同的结论，随后的抗震加固也将会走入误区。目前，新建阶梯教室、大会议室等房屋多采用框架或者钢结构或者大跨等结构形式，但对于 A 类和一些 B 类的这类结构，采用砖墙承重的很多，抗震鉴定时一定要特别注意。

14 什么样的既有建筑可以加固改造继续利用呢？

一般认为要考虑这三点：规划上允许，技术上能做，经济上可行。具体来说是，房屋基本保持原有形体，倾斜不超过 0.5%；加固费用不超过重建费用的 70%；且房屋处于规划允许的范围内。按照这三点，灾区的很多受损房子是可以加固后继续使用的。

15　对既有建筑首先需要搞清楚加固的原因和目的

房屋结构和一般构筑物的承重结构应具有足够的强度、刚度及局部和整体的稳固性，以满足安全性、耐久性和适用性的要求。但是，在工程实践中，导致建筑物未能满足上述要求而需要进行加固补强的原因，笔者归纳主要有以下几个方面：

（1）勘察、设计和施工中的问题：由于勘察资料不准确或不齐全，设计考虑不周，施工管理不严，施工质量欠佳以及建筑材料不符合规范和设计要求等原因而造成的工程质量问题及工程事故，需要进行加固补强。

（2）使用功能改变：随着时代的发展，建筑业态、用途、功能改变，设备更新，城市功能升级改造等，需要对既有建筑进行改扩建。

（3）自然灾害与偶然事故：如地震、风灾、火灾、水灾、爆炸、滑坡、塌陷和其他事故引起的影响建筑安全的建筑损伤，需要加固补强。

（4）结构的耐久性降低：由于建筑物所处环境条件影响，导致构件开裂、锈蚀、碳化和冻融、材料老化等，特别是20世纪70年代以前基本没有关注耐久性问题的建筑，影响结构后续使用安全，也应进行维护或加固补强。

（5）今后也会遇到大量已经达到甚至超越设计工作年限的建筑，需要继续使用或改变使用功能后继续使用的建筑，就必须进行安全性及抗震鉴定，并依据鉴定结论进行加固改造。

（6）也不排除对既有建筑提高抗震性能的加固。

16　既有建筑加固的主要原则有哪些？

（1）坚持先鉴定后加固原则，抗震加固是抗震鉴定的延续，抗震鉴定是抗震加固的前提，以保证抗震加固取得最佳效果。

（2）既有建筑的加固应根据鉴定的结果综合分析确定，采取整体加固、局部加固或构件加固的方法，加强整体性，改善构件受力状态，提高综合抗震能力。

（3）安全性鉴定是加固的前提和依据，只有真正掌握了鉴定报告的精髓，找到影响结构能力的关键因素，才能提出最有效的加固方案。加固工程不仅技术难度大，而且施工条件差，需要针对现有建筑存在的问题，提出具体、可行的加固方案。

（4）应尽量保留和利用既有的结构和构件，避免不必要的大拆大改，保留部分要保证其安全性和耐久性；不得已需要拆除部分，要考虑其材料加以回收和利用的可能性。

（5）加固改造方案应综合考虑安全性、经济指标，从设计和施工组织上采取有效措施，尽量缩短施工周期，减少对周围环境的影响，尽量减少对相关建筑物正常使用的影响。

（6）对由于高温、高湿、低温、腐蚀、冻融、振动、温度应力、地基不均匀沉降等原因造成的既有结构损坏，加固时必须同时考虑消除、减少或抵御这些不利因素的有效措施和防治对策，应先治理后加固，合理安排治理与加固顺序，以免加固后的结构继续受害，避免二次加固。

（7）对不符合抗震要求的建筑进行抗震加固，一般采用提高承载力、提高变形能力或两者均提高的方法，需针对房屋存在的不足或缺陷，对可选择的加固方法逐一进行分析，以提高综合抗震能力为目标予以确定。

（8）如果要提高承载力同时提高刚度时，以加大截面法、新增部分抗侧力构件、采用具有既可以增加刚度又可以增加附加阻尼的减震为基本方法。

（9）对仅需要提高承载力而不提高刚度，通常以外包钢、粘钢或碳纤维加固为基本方法。

（10）对仅需要提高结构变形能力，则以增加连接构件、外包钢、采用仅提供附加阻尼的减震方法等为基本方法。

（11）当原有结构体系明显不合理时，若条件许可，应采用增设竖向抗侧力构件的方法予以改善；否则，需要同时采取提高承载力和变形能力的方法，以使其综合抗震能力满足抗震鉴定的要求。

（12）当结构整体性连接不符合要求时，应采取提高变形能力的方法。

（13）当局部构件的构造不符合要求时，应采取不使薄弱部位转移的局部处理方法；或通过改变结构体系，使新增加的地震作用由新增加构件承担，从而保护局部构件。

17　如何保证既有建筑加固手段的有效性？

为保证加固手段的有效性，在抗震加固设计及施工中要注意以下几点：

（1）确保新增设或增附的构件与原结构构件有可靠的连接，可综合选用增加新旧构件表面粘结力，增设拉结措施、锚固措施等。

（2）应考虑抗震加固后构件的实际受力状况、新旧构件受力程度的不同及协同工作的程度，并在加固后构件的承载力计算中做相应处理。

（3）增设的竖向构件（如抗震墙、柱等）应上下连续，并有可靠基础，且考虑新增构件与原有构件可能的沉降差异。当原结构构件上下不连续时，加固时宜消除其不连续性或减少不连续的程度。

（4）注意保护原结构构件及其连接，避免加固时对原有构件承载力的削弱。一旦原有构件受到损伤，应先修补、恢复再进行抗震加固。

（5）另外，加固设计施工的易施工性也非常重要，加固设计方案应在满足建筑功能及质量等项目整体目标要求的前提下，采用易于建造的加固方案和技术方法，以降低施工难度，保证施工质量。

18　如何充分利用既有建筑地基基础的现有承载能力？

我们知道，地基基础加固的难度要远高于地上结构，基于此，加固设计时，需要考虑其他思路，避免地基基础的加固。

1）对于地基基础在静载下未发现问题的现有建筑，地震烈度6、7度时不作基础抗震鉴定，也就无须加固。

2）地震烈度8、9度时，只对液化等级为严重且建筑对液化敏感的地基进行处理，对软弱土和明显不均匀土层上的建筑，多采取措施提高上部结构抵抗不均匀沉降的能力。减少现有建筑地基基础的加固量，一是考虑到地基基础加固难度较大，二是根据震害资料统计分析，地震造成的地基震害，如液化、软土震陷、不均匀土层的差异沉降等，一般尚未导致建筑的坍塌或丧失使用价值，因此可采取提高上部结构抵抗不均匀沉降能力的措施，即可减轻结构的震害。减少对现有建筑地基基础的加固，要充分利用现有地基的潜力。笔者建议如下：

（1）可以考虑调整上部结构加固方案，减少上部结构对基础的影响。

（2）遇到软弱土层时，根据唐山地震震害的经验数据，当基础底面下的厚度不大于5m，或地震烈度8、9度时地基土静承载力特征值分别大于80kPa和100kPa时，可不考虑地震影响下的沉陷。

（3）由于地基土在建筑荷载的长期作用下土体固结压密，土与基础底面接触处发生一定的物理、化学变化，孔隙比和含水量减少，可使黏土、粉土、砂性土、砾石土的地基静承载力有一定的提高。因此，当加固后结构所增加的重力不超过地基土长期压密提高值时，可不进行地基的抗震验算。

（4）遇有柱间支撑的柱基、拱脚基础等，需进行抗滑验算时，可考虑基础底面与土的摩擦力、基础侧面的被动土压力，有时尚可利用刚性地坪的抗滑力。

（5）加固后，在地震作用下，基础的竖向压力超过地基土承载力特征值在10％以内时，可不作地基处理，仅提高上部结构抵抗不均匀沉降的能力。

19　既有建筑抗震鉴定与安全性鉴定的关系如何？

1）抗震鉴定和安全性鉴定是对既有建筑结构两种不同的鉴定，鉴定的定义不同、依据的标准不同、标准的编制思路不同、鉴定的内容和方法不同、适用的范围不同，鉴定结论也不同。

（1）安全性鉴定属于可靠性鉴定的范围，可靠性鉴定可分为安全性鉴定和正常使用性鉴定。民用建筑的安全性鉴定应依据现行《民用建筑可靠性鉴定标准》GB 50292 的相关要求，工业建筑的安全性鉴定应按照现行《工业建筑可靠性鉴定标准》GB 50144 的相关要求。安全性鉴定采用层次鉴定的思想，从构件、子单元到鉴定单元分为三个层次进行鉴定，每一个层次分四个安全性等级，按照规定的检查项目和步骤，从第一层次开始分层进行。安全性鉴定适用于下列情况中对建筑静力作用下的安全性评估：

① 建筑物大修前的全面检查；

② 重要建筑物的定期检查；

③ 建筑物改变用途或者使用条件的鉴定，房屋改造前的安全检查；

④ 建筑物超过设计使用年限继续使用的鉴定；

⑤ 为制定建筑群维修改造规划而进行的普查；

⑥ 危房鉴定及各种应急鉴定；

⑦ 临时性房屋需要延长使用期的检查；

⑧ 使用性鉴定中发现的安全问题。安全性鉴定注重构件的承载力，鉴定结论也针对到具体构件。

（2）既有建筑的抗震鉴定是依据现行《建筑抗震鉴定标准》GB 50023 对现有建筑整个结构综合抗震能力的鉴定，这里的现有建筑是指除古建筑、新建筑、危险建筑以外，迄今仍在使用的既有建筑，即不怀疑其在静力作用下承载力的房屋。抗震鉴定采用两级鉴定的方法，即从抗震措施和抗震承载力两个方面进行鉴定。抗震鉴定的适用范围是下列情况下的现有建筑：

① 接近或超过设计使用年限需要继续使用的建筑；

② 原设计未考虑抗震设防或抗震设防要求提高的建筑；

③ 需要改变结构的用途和使用环境的建筑；

④ 其他有必要进行抗震鉴定的建筑。

特别注意：抗震鉴定不要求每个构件按设计规范进行逐个检查和分析，强调的是结构整体的综合抗震能力，包括结构抗震承载力、整体性和构件延性等。

2）抗震鉴定与安全性鉴定又有一定的联系。

地震区的房屋，在进行了安全性鉴定后，尚应进行抗震鉴定。综上所述，如结构处于上述需要进行安全性鉴定情况的，应首先进行安全性鉴定，如果是在地震区尚应继续作抗震鉴定；如结构使用状况良好，对其静力作用下承载力没有怀疑且处于上述需要进行抗震鉴定的情况的，则只需要进行抗震鉴定即可。

20 既有建筑抗震加固与安全性的加固关系如何？

1）抗震加固和安全性加固有所不同：

（1）抗震加固主要侧重于结构体系的加固，而不注重单个构件的加固，因而加固方案可以根据建筑布局、使用功能等作调整，以确保既能满足综合抗震能力的要求，又能兼顾建筑、经济等方便，相对比较灵活。

（2）安全性加固则一般情况下必须加固承载力不足的构件，即针对性比较强，除非改变静力传力途径。

2）抗震加固和安全性加固又是有联系的：

如果既有建筑安全性和抗震承载力都有不足，则加固时应优先考虑加固静力承载力不足的构件，并同时考虑该方案是否适合抗震加固，即将两种加固有机地结合起来尽量缩小加固范围，在对房屋使用影响程度最小的情况下达到安全性和抗震能力的要求。

21 对既有建筑什么情况下可以不进行场地对建筑影响的抗震鉴定？

下列两种情况下的建筑可以不进行场地对建筑影响的抗震鉴定：

（1）地震烈度 6、7 度时的建筑。

（2）建造于对抗震有利地段的建筑。有利地段是指依据现行《建筑抗震设计规范》GB 50011 定义的以下土层：稳定基岩，坚硬土，开阔、平坦、密实、均匀的中硬土等。

以上两种情况只要满足一种就可以不进行场地对建筑影响的抗震鉴定。

22 既有建筑什么情况下可以不进行地基基础的抗震鉴定？

符合下列情况之一的现有建筑，可不进行其地基基础的抗震鉴定：

（1）抗震设防分类为丁类的建筑。

（2）地震烈度 6 度区的各类建筑。

（3）地基主要受力层范围内不存在软弱土、饱和砂土和饱和粉土或严重不均土层的抗震设防分类为乙类、丙类的建筑。

（4）地震烈度 7 度区，地基基础现状无严重静载缺陷的乙类、丙类建筑。

即所有的丁类建筑和地震烈度 6 度区的建筑均可不进行其地基基础的抗震鉴定。

地震烈度 7 度时，即使地基主要受力层范围内存在软弱土、饱和砂土和饱和粉土或严重不均匀土层，地基基础现状无严重静载缺陷的乙类、丙类建筑，也可不进行其地基基础的抗震鉴定；但地震烈度 7 度及以上时，地基主要受力层范围内存在软弱土、饱和砂土和饱和粉土或严重不均匀土层的非丁类建筑，需要进行地基基础的抗震鉴定；另外，地震烈度 6 度以上的甲类建筑也需要进行其地基基础的抗震鉴定。对工业与民用建筑，地震造成的地质灾害，如液化、软土震陷、不均匀地基的差异沉降等，一般不会导致建筑的坍塌或丧失使用价值。另外，地基基础鉴定和处理的难度大，故现行《建筑抗震鉴定标准》GB 50023 中减少了地基基础抗震鉴定的范围。

何谓"无严重静载缺陷"：对地基基础现状进行鉴定时，当基础无腐蚀、酥碱、松散和剥落，上部结构无不均匀沉降裂缝和倾斜，或虽有裂缝、倾斜但不严重且无发展趋势，则该地基基础可评为无严重静载缺陷。

23 抗震设防为"乙类"的既有建筑的地基基础鉴定时是否也同样需按提高一度的要求进行？

抗震设防类别为"乙类"的既有建筑的地基基础鉴定，同其他建筑一样需要根据抗震设防烈度、场地类别、建筑现状和基础类型，进行液化、震陷及抗震承载力的两级鉴定。地基基础的第一级鉴定包括：饱和砂土、饱和粉土的液化初判，软土震陷初判及可不进行桩基验算的规定。地基基础的第二级鉴定包括：饱和砂土、饱和粉土的液化再判，软土和高层建筑的天然地基、桩基承载力验算及不利地段上抗滑移验算的规定。以上鉴定中与烈度直接相关的就是土质液化的判别，与现行《建筑抗震设计规范》GB 50011 的规定相同，抗震设防为"乙类"的既有建筑可按本地区抗震设防烈度的要求进行土质的液化判别处理，即不是必须按照提高一度的要求进行鉴定。

24 今后既有建筑加固改造面临的几个问题

（1）使用功能改变带来的结构安全性问题，如荷载变化、加层扩建、增加电梯等，如近期国家鼓励利用城市现有的闲置厂房、办公用房和转型后的公办培训中心、疗养院等改扩建为养老设施。

（2）原结构使用情况及施工缺陷等，通过改造设计后需要消除安全隐患，如近期不断出现的混凝土施工质量问题。

（3）需要延长原建筑后续工作年限问题。有很多的现存建筑都需要延长后续使用年限，如我们通常绝大多数建筑结构设计工作年限为 50 年，但住宅的产权使用年限为 70 年。

25 对于既有建筑加固改造工程，应特别注意的几个问题

一般而言，结构经局部加固后，虽然能提高被加固构件的安全性，但这并不意味着该结构的整体承载力一定是安全的。因为就整体结构而言，其安全性还取决于原结构方案及其布置是否合理，构件之间的连接是否可靠，其原有的构造措施是否得当与有效等；而这

些就是结构整体牢固性（鲁棒性）的实质内涵；其所起到的综合作用就是使结构具有足够的延性和冗余度，不致发生与其原因不对称的严重破坏后果，如局部破坏引起的大范围连续倒塌等。因此，要求专业技术人员在进行结构加固改造设计时，应对该结构的整体稳定性进行检查与评估，以确定是否需要作相应的加强。另外，还必须关注节能与环保等要求是否得到应有的执行。

1）在近年的加固设计领域中，经验不足的设计人员占比较大，致使加固工程出现"顾此失彼"的失误案例时有发生，故需强调两点：一是应从设计与施工两个方面共同采取措施，以保证新旧两部分能形成整体，共同协调工作；二是应避免对未加固部分以及相关的结构、构件和地基基础造成不利的影响。

2）结构加固改造设计，应综合考虑其技术与经济效果，既应避免加固适修性很差的结构，也应避免不必要的拆除或更换。

注：适修性很差的结构，指其加固总费用达到新建结构总造价70%以上的结构，但不包括文物建筑和其他有历史价值或艺术价值的建筑。

3）结构加固改造工作的信息表明，业主、鉴定及设计单位要求给出结构改造后续工作年限。这个要求无可厚非，是加固设计的重要依据之一。但问题在于大多数加固技术在实际工程中已经使用的年数都不长，特别是对使用胶粘剂或其他聚合物的加固方法，很难根据其判断一种加固方法、其使用年限是否能与新建的工程一样长。为了解决这些问题，规范编制人员对国内外有关情况进行了调查。其主要结果如下：

（1）国外有关结构的指南普遍认为：基于现有房屋结构的修复经验，以30年作为正常使用与维护条件下结构加固的设计工作年限是相对适宜的。倘若能引进桥梁定期检查与维护制度（实际上建筑物也有类似要求，只是现实没有多少业主真正执行而已），则不仅更能保证安全，而且在到达设计使用年限时，继续延长其使用期的可能性将明显增大。这一点对使用聚合物材料的加固方法尤为重要。

（2）不少国外发达国家保险业对房屋结构在正常使用和维护条件下的最高保用年限也是定为30年。因为其所作的评估认为：这个年数较能为有关各方共同接受。

（3）我国档案材料的统计数据表明，一般公用建筑投入使用后，其前30年的检查、维护周期一般为6～12年；其30年后的检查、修缮时间的间隔显著缩短，甚至很快便进入大修期。

（4）对使用胶粘剂或其他聚合物的加固方法，无论厂商（或产品样本）如何标榜其产品的优良性能，使用者都必须清醒地意识到这些人工合成的材料，不可避免地存在着老化问题，只是程度不同而已，况且在工程施工的现场，还很容易因错用劣质材料或所使用的工艺不当，而过早地发生破坏。为了防范这些隐患，即使在发达国家也同样要求加强后期检查，但检查时间的间隔可由设计单位作出规定，不过第一次检查时间宜定为竣工使用后的6～8年，且最迟不得晚于10年。

（5）对于承重结构植筋的锚固深度应按计算确定，不得按短期拉拔试验值或厂商技术手册等的推荐值采用。

这是由于当前植筋市场竞争激烈，不少厂商为了夺标，无视工程安全（因为安全由我们设计师负责），采取以下手段来影响设计人及甲方的决策：

一是故意混淆单根植筋试验与多根植筋试验在受力性能上的本质差异，以单根植筋试验分析结果确定的计算参数引用于多根植筋群植的设计计算，任意在梁、柱等承重构件的加固工程中推荐使用 $10d\sim12d$ 的植筋锚固长度，甚至还纳入其所编制的企业"技术手册"到处招摇撞骗。致使很多经验不足的设计人员和外行的甲方受到误导，这种做法对于承重结构而言，是极其危险的，重则导致安全事故，轻则埋下安全隐患。因为多根植筋群植，其试验结果表明，若锚固深度仅有 $10d\sim12d$，在构件破坏时，群植的钢筋不可能屈服，完全是由于混凝土劈裂而引起的脆性破坏。由此可知这类误导带来的严重后果。

二是鼓励设计采用单根筋拉拔试验作为选胶的依据，并按单筋拉断的埋深作为多根群植的植筋锚固长度进行锚固设计。这种做法不仅贻害工程，而且所选中的都是劣质植筋胶。因为在现场拉拔的大比拼中，最容易入选的植筋胶，多是以乙二胺为主成分的 T31 固化剂配置的。这种固化剂的特点是早期强度高，但脆性大、有毒，且不耐老化，缺乏结构胶所要求的韧性和耐久性，在使用过程中容易脱胶。

4）关于植筋构造规定中的 $0.3l_s$ 和 $0.6l_s$ 是否正确的质疑。

《混凝土结构加固设计规范》GB 50367—2013 第 12.3.1 条的规定应当说是正确的，只是这个概念似乎与常规概念正好相反，在我们的设计概念中，一般都认为受拉锚固长度大于受压锚固长度。但请设计师注意，这里是植筋的锚固长度，受拉钢筋的最小锚固长度 l_{min} 之所以仅需 $0.3l_s$，而受压钢筋的 l_{min} 之所以仅需 $0.6l_s$，是因为两者的传力机理不同。

试验研究表明：受压钢筋只有在达到一定长度后才能持力，其原因在于靠近混凝土表面的浅层区为受压劈裂区。钢筋对混凝土产生类似尖锥的劈力作用，致使该区混凝土对植筋受压区承载力没有贡献，亦即其有效埋入长度小于锚固长度；而受拉钢筋则没有这个问题。据此结论，规范给出了受压、受拉的最小植筋锚入长度。

5）采用锚固件承载力现场检验方法及评定标准。

（1）植筋锚固工程质量应按其锚固件抗拔承载力的现场抽样检验结果进行评定。

（2）锚固件抗拔承载力现场检验分为非破损检验和破坏性检验。

（3）对于下列场合的构件应采用破坏性检验方法对锚固质量进行检验：

① 对于安全等级为一级的后锚固构件、悬挑结构构件、对后锚固设计参数有疑问、对该工程锚固质量怀疑。

当采用破坏性检验有困难，该批锚固件的连接按国家相关加固规范设计计算时，可在征得设计院同意的情况下，改用非破损抽样检验方法，但可适当加大抽检数量。

但须注意：a. 若受现场条件限制，无法进行原位破坏性检验操作时，允许在工程施工的同时（不是后补），在被加固结构附近，以专门浇筑的同强度等级的混凝土块体为基材种植锚固件，并按规定的时间进行破坏检验；但需要事先征得设计单位和监理单位的书面同意，并在现场见证试验。本条不适合仲裁性检验。

b. 现场破坏性检验的抽样，应选择易修复和易补种的位置，取每一检验批锚固件总数的 1%，且不少于 5 件进行检验。若锚固件为植筋，且种植的数量不超过 100 件时，可仅取 3 件进行检验。仲裁检验的取样数量应加倍。

② 对于一般结构构件，其锚固件锚固质量的现场检验可采用非破损检验方法验收。

（4）现场非破损检验的抽样，应符合下列规定：

① 锚栓锚固质量的非破损检验。

a. 对重要结构构件，应在检查该检验批锚栓外观质量合格的基础之上，按表2规定的抽样数量，对该检验批的锚栓进行随机抽样。

重要结构构件锚栓锚固质量非破损检验抽样表 表 2

检验批的锚栓总数	≤100	500	1000	2500	≥5000
按检验批锚栓总数计算的最少抽样量	20%，且≥5件	10%	7%	4%	3%

注：当锚栓总数介于两数之间时，可以按线性内插确定抽检数量。

b. 对于一般结构构件，可按重要结构构件抽样数量的50%，且不少于5件进行随机抽样。

② 植筋锚固质量的非破损检验。

a. 对重要结构构件，应按其检验批植筋总数的3%，且不少于5件进行随机抽样。

b. 对于一般结构构件，应按1%，且不少于3件进行随机抽样。

c. 非破损检验的荷载检验值应符合下列规定：

（a）对锚栓，应取 $1.3N_t$ 作为检验荷载；

（b）对植筋，应取 $1.15N_t$ 作为检验荷载。

注：N_t 为锚固件连接受拉承载力设计值，应由设计单位提供，检测单位及其他单位均无权自行确定。

6）对于悬挑结构，更应该注意加固补强方法的合理选择。

实际工程中经常看到采用植筋加固补强悬挑构件。概念常识及工程经验教训告诉我们：

（1）悬臂梁板属于静定结构，受力性能比起简支梁更差，支座失效将会立即垮塌（脆性破坏）。

（2）悬挑结构特别是悬挑较大的悬臂梁、板，即使采用整体现浇方法施工，若不是特别注意施工质量，完工后极容易垮塌，即使暂时不垮，由于耐久性等引起的垮塌也时有发生。

（3）预留钢筋后浇或植筋后浇混凝土，构造要求、施工质量与耐久性比起整浇还要差得多，受拉钢筋植筋的锚固长度及植筋胶的耐久性很难保证，后施工悬挑结构的安全度自然无法保证，因此必须避免采用（悬挑很小、基本不受力的情况除外）。

【工程案例】2020年10月22日，厦门一栋别墅阳台，在装修中突然发生坍塌，事故造成3名人员被埋压（图5）。

图5 厦门某别墅阳台坍塌破坏现场

对于以混凝土为基材、室温固化型的结构胶,其安全性鉴定应包括基本性能鉴定、长期使用性能鉴定和耐介质侵蚀能力鉴定。须特别注意:

(1)对设计使用年限为30年的结构胶,应通过耐湿热老化能力的检验。

(2)对设计使用年限为50年的结构胶,应通过耐湿热老化能力的检验和耐长期应力作用能力的检验。

(3)对承受动荷载作用的结构胶,应通过抗疲劳能力检验。

(4)对寒冷地区使用的结构胶,应通过耐冻融能力检验。

以上建议要求可参考现行《工程结构加固材料安全性鉴定技术规范》GB 50728的相关要求进行。

26 关于消能减震在既有建筑加固改造工程中的应用问题

关于消能减震在加固工程中的应用问题,本规范并未提及,但笔者认为这种思路和方法,在高烈度区应该是需要考虑的选择。

(1)采用消能减震技术加固是在既有建筑中安装适当的消能器,当建筑遭遇地震作用时,消能器通过结构的变形消耗结构震动能量,将部分结构动能转化为热能消散掉,此时结构的位移和变形大大减小,结构原有的承载能力和变形就可以满足抗震要求,从而达到抗震加固的目的。

(2)消能减震技术适用范围较广,可以用于不同结构类型和高度建筑的加固。消能器是利用结构的变形消耗能量,因此需要结构有一定的变形能力,钢筋混凝土框架、框架—剪力墙、框架—核心筒、高层剪力墙、混合结构、钢结构、单层及多层工业厂房等都具有较强的变形能力。

(3)消能器减震加固方案应综合分析现有建筑的现状和加固目标,区别对待,提出合理方案。一般当既有建筑的刚度较小时,地震作用下变形较大的结构,宜采用金属阻尼器或摩擦型阻尼器,这些类型的阻尼器不仅能提供附加阻尼,还可以提供附加刚度,小震下能够更加有效地解决水平变形问题。

(4)采用消能减震技术解决结构不规则性问题时,金属阻尼器中的屈曲约束支撑效果最佳。可以通过布置屈曲约束支撑使结构平面扭转效应或上下层刚度突变满足规范的限值要求。

(5)单跨框架结构采用金属消能器加固后,消能部件能够起到"抗震墙"的作用,同时又具有良好的延性,可以解决单跨框架结构抗震冗余度低的问题。

(6)采用消能减震技术加固方案,可以极大地减少对原结构的直接加固,这才是采用消能减震技术的最大优势所在。通常只需要加固的是与消能器直接相关的构件,数量有限。

(7)消能支撑理论上可以应用于多种结构体系,即不受结构类型、房屋高度、结构动力特性、结构材料等的限制,在抗震加固中广泛应用,但同时也应注意到,消能支撑由于其发挥消能作用时需要结构有一定的变形,故通常多用于钢结构、钢筋混凝土框架或框—剪结构等,对于砌体结构(变形较小)其实并不合适,主要是其消能支撑难以充分发挥作用。

(8)2022年10月,住房和城乡建设部办公厅就国家标准《建筑消能减震加固技术标准（征求意见稿）》开始征求意见，笔者也接到编制组发来的征求意见稿，也提出了一些建议供编制组参考。

27　关于既有建筑加固改造工程责任划分问题的讨论

依据《建设工程勘察设计管理条例》第二十八条　建设单位、施工单位、监理单位不得修改建设工程勘察、设计文件；确需修改建设工程勘察、设计文件的，应当由原建设工程勘察、设计单位修改。经原建设工程勘察、设计单位书面同意，建设单位也可以委托其他具有相应资质的建设工程勘察、设计单位修改。修改单位对修改的勘察、设计文件承担相应责任。

现在或今后会遇到很多加固改造工程，依据这条规定，加固改造原则上应优先由原设计单位进行，但是由于各种原因原设计单位不愿意或原设计单位已经不存在等原因无法承担加固改造任务时，就只能由非原设计单位完成加固改造任务。这时就有个责任划分问题，依据作者以往的工程经验建议如下：

（1）如果仅仅是局部改造工程，可以由具有相应资质的改造单位对其进行改造设计，但由于改造会对原结构产生影响，应请甲方提供给原设计单位复核。这样主体结构的安全责任依然应由原设计单位承担（但我个人认为这点比较难以实现），加固改造单位承担改造部分的安全责任。

（2）对于原设计单位拒绝复核或原设计单位已经不存在的工程，当然改造后的责任就应该由改造单位承担全部工程的安全责任。此时改造设计单位应切记，改造费用应考虑后续设计工作年限安全责任的费用。

（3）当然，无论如何改造，改造单位都应主动承担改造后后续设计工作年限的安全责任，当然不再需要经原设计单位确认。这种做法恐怕对甲方最有利，所以也是今后最容易实现的做法。

但笔者提醒设计单位注意合理地收取改造及承担后续年限安全责任的费用。

28　既有建筑业主应该如何运营、管理、维护？

一是务必遵守《中华人民共和国防震减灾法》《中华人民共和国建筑法》《建设工程质量管理条例》等相关法律、行政法规，依法对既有建筑结构进行抗震管理、运营和维护，必要的时候需要委托专业鉴定机构进行抗震鉴定和安全监测。

二是对经过抗震性能鉴定结果判定需要进行抗震加固且具备加固价值的已经建成的建设工程，业主应对其进行抗震加固。

注意：《建筑工程抗震管理条例》（以下简称《条例》）在强化建设工程抗震设防法律责任方面也作了规定。

《条例》对违反本条例规定的行为设定了严格的法律责任，明确了住房和城乡建设主管部门或者其他有关监督管理部门工作人员的法律责任，强化对建设单位、设计单位、施工单位、工程质量检测机构和抗震性能鉴定机构等的责任追究，特别是加大了对建设单位及相关责任人等的处罚力度。

但国家目前没有相关标准，对业主提出具体维护、检查的要求。

自从 2022 年 4 月 29 日在湖南长沙发生了既有建筑改造过程中的严重倒塌事故后，全国各地也相继出台了一些对既有建筑检测、维护的规定。

如2022年《河南省住房和城乡建设厅关于做好房屋安全鉴定管理有关工作的通知》（豫建质安〔2022〕114号）明确提出要求：为深刻汲取湖南长沙"4·29"倒塌事故教训，贯彻落实《国务院办公厅关于印发全国自建房安全专项整治工作方案的通知》（国办发明电〔2022〕10号）要求，严厉打击出具虚假鉴定报告违法行为，加强我省房屋安全鉴定机构和从业人员管理，根据《建设工程质量管理条例》（国务院令279号）、《建设工程质量检测管理办法》（建设部令第57号）、《城市危险房屋管理规定》（建设部令第129号）等相关规定，现就做好房屋安全鉴定管理工作通知如下：

一、房屋安全鉴定机构鉴定活动应遵循客观公正、科学准确的原则，鉴定机构应当独立开展安全鉴定活动，并依法承担相应责任。

房屋安全鉴定活动，是指房屋安全鉴定机构接受委托，依据国家有关法律、法规和技术标准，对房屋建筑进行查勘、检测、监测、验算、评定分析，并出具鉴定报告的活动。

二、房屋使用安全责任人可以委托以下鉴定机构进行房屋安全鉴定：

（一）《建设工程质量管理条例》《房屋建筑工程抗震设防管理规定》规定的具有建筑工程甲级资质的设计单位；

（二）《建设工程质量管理条例》《建设工程质量检测管理办法》规定的同时具有见证取样检测、主体结构工程现场检测、钢结构工程检测资质的工程质量检测机构；

（三）依据《城市危险房屋管理规定》设立的房屋安全鉴定机构。

三、房屋使用安全责任人应按规定委托鉴定机构进行房屋安全鉴定，并签订房屋安全鉴定合同，明确双方的权利与义务。鉴定费用按照市场价格合理确定，不得低于成本价。鉴定机构不得有恶意价格竞争及其他扰乱行业秩序等行为。

四、各级住房城乡建设主管部门及各行业主管部门要全面加强经营性自建房监管，排查自建房结构安全问题，生产经营类房屋开展经营活动前须进行安全鉴定。

五、既有建筑鉴定要求：

（一）人员密集公共建筑，应当每5年进行一次安全隐患检查；使用满30年的居住建筑应当进行首次安全隐患检查，以后每10年进行一次安全隐患检查。依据检查结果及时采取相应措施。

（二）既有建筑在下列情况下应进行鉴定：达到设计工作年限需继续使用；改建、扩建、移位以及建筑用途或使用环境改变前；遭受灾害或事故后；存在较严重的质量缺陷或损伤、疲劳、变形、振动影响、毗邻工程施工影响；日常使用中发现安全隐患；有要求需进行质量评价时。

（三）既有建筑安全鉴定应同时进行安全性鉴定和抗震鉴定。

六、房屋安全鉴定机构接受鉴定委托后，应根据委托要求，确定房屋鉴定的内容和范围，制定详细调查计划及检测、试验工作大纲，做好现场调查、检测验算、综合评定等工作，根据不同的鉴定目的，依据相应的国家及行业技术标准出具鉴定报告。

七、房屋安全鉴定现场检查检测工作应当安排2名以上鉴定人员（包括报告编制人、鉴定项目负责人）参加，鉴定人员应当对鉴定过程进行实时记录并签名，现场重点部位须留存影像资料。

八、房屋安全鉴定报告编制使用规范的专业术语，经校对、审核、批准，并加盖签字人一级注册结构工程师执业章和公章后方可生效。鉴定报告内容应包含委托事项、鉴定依据、工程概况、仪器设备及人员信息、鉴定范围和内容、现场检测、结构复核验算、鉴定分析及评级、鉴定结论及建议等内容。

针对结构特殊、环境复杂的建筑，房屋安全鉴定机构应当组织专家进行论证。

九、经鉴定为非危险房屋的，房屋安全鉴定机构应当在鉴定报告上注明在正常使用条件下的目标使用年限；按《危险房屋鉴定标准》JGJ 125 鉴定为局部危房的，房屋安全鉴定机构应当在出具鉴定报告 24 小时内书面通知委托人；鉴定为整栋危房的，还应同时书面报告房屋建筑当地住房城乡建设主管部门。

十、房屋安全鉴定机构应建立鉴定项目档案，专人负责，按档案管理要求长期保管，保证房屋安全鉴定检测数据、原始资料的可追溯性，鉴定报告编号应当连续，不得随意抽撤、涂改。

十一、房屋使用安全责任人应为鉴定机构开展鉴定工作提供以下条件：

（一）现场条件：包括开展鉴定工作必要的场地、拆除、水电等；

（二）原始资料：包括勘察报告、经施工图审查合格的施工图纸、单体竣工验收报告等，并对提供资料的准确性和完整性负责。

十二、房屋使用安全责任人因下列原因之一应承担主要责任和赔偿损失，违反法律的，应追究法律责任：

（一）擅自增加房屋荷载，改变房屋结构、构件、设备或使用性质的；

（二）不按规定检查房屋安全隐患的；

（三）经鉴定机构鉴定为危险房屋而未采取有效解危措施的；

（四）对危险房屋抢修不及时或拒不修缮的；

（五）限期未恢复原状或者未采取修缮加固等安全技术措施治理，给他人造成损失的，依法承担赔偿责任。

十三、房屋安全鉴定机构出具虚假鉴定报告的，县级以上住房城乡建设主管部门给予警告，给他人造成损失的，依法承担赔偿责任；构成犯罪的，依法追究其刑事责任。

鉴定人员弄虚作假被公开曝光的，3 年内不得从事房屋安全鉴定工作。

十四、各级住房城乡建设主管部门应当加强对房屋安全鉴定机构监督检查，对本地区鉴定机构出具的鉴定报告进行随机抽查和现场核查，鉴定机构应当配合。

十五、在我省行政区域内从事房屋安全鉴定活动的机构，填写《河南省房屋安全鉴定机构公布申请书》并提供相关材料后，省级建设主管部门对符合公布条件的予以公布，公布信息可在河南省住房和城乡建设厅网站进行查询，供房屋使用安全责任人选择。

（一）提出申请公布信息的鉴定机构（设计单位）应当同时具备下列条件：

1. 具有独立法人资格；

2. 注册资金不低于 300 万元；

3. 具有建筑工程甲级设计资质证书和结构计算分析软件；河南省行政区域范围内具有固定办公场所，且能满足鉴定工作需要；

4. 无条件出具基础数据时，应委托同时具有省住房城乡建设行政主管部门颁发的见证取样检测、主体结构工程现场检测、钢结构工程检测资质（涉及地基基础承载力时，须具有地基基础工程检测资质）的工程质量检测机构为鉴定提供基础数据；

5. 有条件出具基础数据时，应满足鉴定工作需要的建设工程质量检测检验项目及相应的检测仪器设备。

（二）提出申请公布信息的鉴定机构（检测机构）应当同时具备下列条件：

1. 具有独立法人资格；

2. 注册资金不低于100万元；

3. 须同时具有见证取样检测、主体结构工程现场检测、钢结构工程检测资质（涉及地基基础承载力时，须具有地基基础工程检测资质）和结构计算分析软件；河南省行政区域范围内具有固定办公场所，且能满足鉴定工作需要。

（三）提出申请公布信息的鉴定机构从业人员应当满足以下要求：

1. 鉴定机构人员分为：一般鉴定人员、鉴定报告编制人、鉴定项目负责人、鉴定报告审核人、鉴定报告批准人。

2. 鉴定机构应当至少配备8名鉴定人员，在岗的一级注册结构工程师不得少于1人，具有中级以上（含中级）技术职称的不得少于5人。

3. 一般鉴定人员应当具备建筑工程及相关专业本科及以上学历，须从事检测、设计、鉴定相关工作三年以上。

4. 鉴定报告编制人应具备建筑工程及相关专业本科及以上学历，中级以上（含中级）技术职称，须从事检测、设计、鉴定相关工作三年以上。

5. 鉴定项目负责人应当具备建筑工程及相关专业本科及以上学历，注册结构工程师，中级以上（含中级）技术职称，须从事检测、设计、鉴定相关工作五年以上。

6. 鉴定报告审核人、批准人应当具备建筑工程及相关专业本科及以上学历，具备建筑工程相关专业高级职称，须从事检测、设计、鉴定相关工作十年以上，其中1人具备一级注册结构工程师。

（四）鉴定机构申请信息公布，应提供下列材料（原件扫描件1份）：

1. 营业执照；

2. 法人身份证；

3. 《不动产登记证》或《房屋租赁合同》；

4. 《河南省房屋安全鉴定机构公布申请书》；

5. 鉴定机构（设计单位）：建筑工程专业甲级设计资质证书；

6. 鉴定机构（检测机构）：见证取样检测、主体结构工程现场检测、钢结构工程检测资质证书正副本、结构计算分析软件有效凭证；

7. 鉴定机构从业人员应提供身份证、学历证书、职称证、资格证书（注册结构工程师证书）、社会保险个人权益记录、任职证明文件（劳动合同、聘书等其他任命文件）。

申请机构应当对其所提交公示材料的真实性负责，若提供虚假申报材料，一年之内不予接收申请。

（五）已公布的鉴定机构资质证书、仪器设备、注册地址、技术职称人员、结构计算软件有变更的，应当在1个月内到省级建设主管部门进行变更登记，省级建设主管部门定期对公布名单内的鉴定机构进行复查，移除不符合公布条件的鉴定机构。

笔者解读此文件的亮点有以下几点：

（1）对既有建筑人员密集公共建筑，应当每5年进行一次安全性隐患检查；使用30

年的居住建筑应当进行首次安全隐患检查，以后每 10 年进行一次安全隐患检查。依据检查结果及时采取相应措施。这个要求笔者认为其他地方均可参考执行。

（2）同时对检测机构及人员提出相应资质要求，要至少有一名在职注册结构工程师等。

（3）另外提请各位注意：《建筑与市政工程施工质量控制通用规范》GB 55032—2022 自 2023 年 3 月 1 日起实施。其中有以下两个条款：

第 3.4.1 条规定：建设单位应委托具备相应资质的第三方检测机构进行工程质量检测，检测项目和数量应符合抽样检验要求。非建设单位委托的检测机构出具的检测报告不得作为工程质量验收依据。

第 3.4.5 条规定：检测机构严禁出具虚假检测报告。

笔者感悟：检测机构严禁出具虚假检测报告，可见"检测市场的混乱"，提醒设计单位对外来资料需要进行必要的分析确认。

29 《既有建筑鉴定与加固通用规范》GB 55021—2021 已经废止现行标准强制性属性的条文有哪些？

（1）《建筑抗震鉴定标准》GB 50023—2009

第 3.0.4（1、2、3）、4.1.2、4.1.3、4.1.4、4.2.4、5.1.2、5.1.4、5.1.5、5.2.12、6.1.2、6.1.4、6.1.5、6.2.10、7.1.2、7.1.4、7.1.5、9.1.2、9.1.5 条（款）

（2）《工业建筑可靠性鉴定标准》GB 50144—2019

第 3.1.1 条

（3）《民用建筑可靠性鉴定标准》GB 50292—2015

第 5.2.3、5.3.3、5.4.3、5.5.3 条

（4）《建筑边坡工程鉴定与加固技术规范》GB 50843—2013

第 3.1.3、4.1.1、5.1.1、9.1.1 条

（5）《既有建筑地基基础加固技术规范》JGJ 123—2012

第 3.0.2、3.0.4、3.0.8、3.0.9、3.0.11、5.3.1 条

（6）《混凝土结构加固设计规范》GB 50367—2013

第 3.1.8、4.3.1、4.3.3、4.4.2、4.5.3 条

（7）《砌体结构加固设计规范》GB 50702—2011

第 3.1.9、4.5.2、4.6.1、4.6.2、4.6.3 条

（8）《钢结构加固设计标准》GB 51367—2019

第 3.1.8 条

（9）《工程结构加固材料安全性鉴定技术规范》GB 50728—2011

第 3.0.1、3.0.5、4.2.2、4.4.2、4.5.2、8.2.1、8.2.4、8.3.4、8.4.2、12.1.2、12.1.3 条

（10）《混凝土结构后锚固技术规程》JGJ 145—2013

第 4.3.15 条

（11）《建筑抗震加固技术规程》JGJ 116—2009

第 1.0.3、1.0.4、3.0.1、3.0.3、3.0.6、5.3.1、5.3.7、6.3.7 条

30 被《既有建筑鉴定与加固通用规范》GB 55021—2021 "遗忘"的现行标准中的强制性条文还有哪些?

现将没有"废止强制性"的相关标准对比如表3所示。

没有"废止强制性"的相关标准对比   表 3

现行标准	现行标准强制性条文	《既有建筑鉴定与加固通用规范》废止强制性的条文	未废止强制性的条文
《建筑抗震鉴定标准》GB 50023—2009	第1.0.3、3.0.1、3.0.4(1、2、3)、4.1.2、4.1.3、4.1.4、4.2.4、5.1.2、5.1.4、5.1.5、5.2.12、6.1.2、6.1.4、6.1.5、6.2.10、6.3.1、7.1.2、7.1.4、7.1.5、9.1.2、9.1.5条(款)	第 3.0.4(1、2、3)、4.1.2、4.1.3、4.1.4、4.2.4、5.1.2、5.1.4、5.1.5、5.2.12、6.1.2、6.1.4、6.1.5、6.2.10、7.1.2、7.1.4、7.1.5、9.1.2、9.1.5条(款)	第1.0.3、3.0.1、6.3.1条
《工业建筑可靠性鉴定标准》GB 50144—2019	第3.1.1、6.2.2、6.3.2、6.4.2条	第3.1.1条	第6.2.2、6.3.2、6.4.2条
《民用建筑可靠性鉴定标准》GB 50292—2015	第5.2.2、5.2.3、5.3.2、5.3.3、5.4.2、5.4.3、5.5.2、5.5.3条	第5.2.3、5.3.3、5.4.3、5.5.3条	第5.2.2、5.3.2、5.4.2、5.5.2条
《混凝土结构加固设计规范》GB 50367—2013	第3.1.8、4.3.1、4.3.3、4.3.6、4.4.2、4.4.4、4.5.3、4.5.4、4.5.6、15.2.4、16.2.3条	第3.1.8、4.3.1、4.3.3、4.4.2、4.5.3条	第4.3.6、4.4.4、4.5.4、4.5.6、15.2.4、16.2.3条
《砌体结构加固设计规范》GB 50702—2011	第3.1.9、4.2.3、4.3.6、4.4.3、4.5.2、4.5.3、4.5.5、4.6.1、4.6.2、4.6.3、4.7.5、9.1.7、10.4.4条	第3.1.9、4.5.2、4.6.1、4.6.2、4.6.3条	第4.2.3、4.3.6、4.4.3、4.5.3、4.5.5、4.7.5、9.1.7、10.4.4条
《钢结构加固设计标准》GB 51367—2019	第3.1.8、4.5.1条	第3.1.8条	第4.5.1条
《工程结构加固材料安全性鉴定技术规范》GB 50728—2011	第3.0.1、3.0.5、4.1.4、4.2.2、4.4.2、4.5.2、5.2.5、6.1.4、7.1.5、8.2.1、8.2.4、8.3.4、8.4.2、9.1.2、9.3.1、12.1.2、12.1.3条	第3.0.1、3.0.5、4.2.2、4.4.2、4.5.2、8.2.1、8.2.4、8.3.4、8.4.2、12.1.2、12.1.3条	第4.1.4、5.2.5、6.1.4、7.1.5、9.1.2、9.3.1条
《建筑抗震加固技术规程》JGJ 116—2009	第1.0.3、1.0.4、3.0.1、3.0.3、3.0.6、5.3.1、5.3.7、5.3.13、6.1.2、6.3.1、6.3.4、6.3.7、7.1.2、7.3.1、7.3.3、9.3.1、9.3.5条	第1.0.3、1.0.4、3.0.1、3.0.3、3.0.6、5.3.1、5.3.7、6.3.7条	第5.3.13、6.1.2、6.3.1、6.3.4、7.1.2、7.3.1、7.3.3、9.3.1、9.3.5条

笔者提醒各位:今后如何对待这些被"遗忘"的现行标准中的强制性条文?目前《既有建筑鉴定与加固通用规范》没有进行说明。笔者的建议是:在现行标准未修改前依然具

有强制性；被《既有建筑鉴定与加固通用规范》废止的现行标准中的强制性条文，已不具有强制属性（不是作废），但依然是非强制性条文。

比如：2022年8月颁行的《北京市房屋建筑工程施工图事后检查要点》就明确了如下要求：

既有建筑鉴定与加固

注：对于通用规范以外的现行工程建设标准（含国家标准、行业标准、地方标准）中的强制性条文，当低于通用规范中相关条文的规定时，应以通用规范的规定为准。

第二篇 《既有建筑鉴定与加固通用规范》

为适应国际技术法规与技术标准通行规则，2016 年以来，住房和城乡建设部陆续印发《深化工程建设标准化工作改革的意见》等文件，提出政府制定强制性标准、社会团体制定自愿采用性标准的长远目标，明确了逐步用全文强制性工程建设规范取代现行标准中分散的强制性条文的改革任务，逐步形成由法律、行政法规、部门规章中的技术规定与全文强制性工程建设规范构成的"技术法规"体系。

(1) 关于规范种类。 强制性工程建设规范体系覆盖工程建设领域各类建设工程项目，分为工程项目类（简称项目）和通用技术类规范（简称通用规范）两种类型。项目规范以工程建设项目整体为对象，以项目规模、布局、功能、性能和关键技术措施等五大要素为主要内容。通用规范以实现工程建设项目功能、性能要求的各专业通用技术为对象，以勘察、设计、施工、维修、养护等通用技术为主要内容。在全文强制性工程建设规范体系中，以项目规范为主干，通用规范是对各类项目共性的、通用的专业性关键技术措施的规定。

(2) 关于五大要素指标。 强制性工程建设规范中各项要素是保障城乡基础设施建设体系化和效率提升的基本规定，是支撑城乡建设高质量发展的基本要求。项目的规模要求主要规定了建设工程项目应具备完整的生产或服务能力，应与经济社会发展水平相适应。项目的布局要求主要规定了产业布局、建设工程项目选址、总体设计、总平面的布局以及与规模协调的统筹性技术要求，应考虑供给力合理分布，提高相关设施建设的整体水平。项目的功能要求主要规定了项目构成和用途，明确项目的基本组成单元，是项目发挥预期作用的保障。项目的性能要求主要规定了建设工程项目建设水平或技术水平的高低程度，体现建设工程项目的适用性，明确项目质量、安全、节能、环保、宜居环境和可持续发展等方面应达到的基本水平。关键技术措施是实现建设项目功能、性能要求的基本技术规定，是落实城乡建设安全、绿色、韧性、智慧、宜居、公平、有效率等发展目标的基本保障。

(3) 关于规范实施。 强制性工程建设规范具有强制约束力，是保障人民生命财产安全、人身健康、工程安全、生态环境安全、公众权益和公众利益，以及促进能源资源节约利用、满足经济社会管理等方面的控制性底线要求。工程建设项目的勘察、设计、施工、验收、维修、养护、拆除等建设活动全过程中必须严格执行，其中，对于既有建筑改造项目（指不改变现有使用功能），当条件不具备、执行现行规范确有困难时，应不低于原建造时的标准。与强制性工程建设规范配套的推荐性工程建设标准是经过实践检验的、保障达到强制性规范要求的成熟技术措施，一般情况下也应当执行。在满足强制性工程建设规范规定的项目功能、性能要求和关键技术措施的前提下，可合理选用相关团体标准、企业标准，使项目功能、性能更加优化或达到更高水平。推荐性工程建设标准、团体标准、企业标准要与强制性工程建设规范协调配套，各项技术要求不得低于强制性工程建设规范的相关技术水平。

强制性工程建设规范实施后，现行相关工程建设国家标准、行业标准中的强制性条文同时废止。现行工程建设地方标准中的强制性条文应及时修订，且不得低于强制性工程建设规范的规定。现行工程建设标准（包括强制性标准和推荐性标准）中有关规定与强制性工程建设规范的规定不一致的，以强制性工程建设规范的规定为准。

第1章 总 则

1.0.1 为保障既有建筑质量、安全，保证人民群众生命财产安全和人身健康，防止并减少既有建筑加固、改造和更新活动中的工程事故，提高既有建筑安全水平，制定本规范。

 延伸阅读与深度理解

1）本条规定了制定本规范的目的和要求，根据《住房城乡建设部分技术规范研编工作要求》（建标标函〔2016〕156 号），在总结实践经验和科研成果的基础上，制定了本标准。

2）特别强调加固改造工程安全质量事故，这个问题近年出现频率较高，多数都是没有经过正规设计、报批、正规施工、各环节管理不到位所致。

1.0.2 既有建筑的检测、鉴定和加固必须遵守本规范。

 延伸阅读与深度理解

1）本规范涵盖既有建筑从检测、鉴定到加固的全过程，上述既有建筑相关活动必须执行本规范。

2）该规范是控制性底线要求，是政府依法治理、依法履职的技术依据。

1.0.3 既有建筑的鉴定与加固，应遵循先检测、鉴定，后加固设计、施工与验收的原则。

 延伸阅读与深度理解

1）本条规定了既有建筑鉴定与加固的基本原则，应遵循先检测、鉴定，后加固设计、施工与验收的原则。

2）检测为鉴定提供基础数据，而鉴定为结构构件加固设计提供基本依据。

3）本条对保障既有建筑的安全、生态环境安全以及满足经济社会管理基本需要具有重要意义。

1.0.4　工程建设所采用的技术和措施是否符合本规范要求，由相关责任主体判定。其中，创新性的技术方法和措施，应进行论证并符合本规范中有关性能的要求。

 延伸阅读与深度理解

1）工程建设强制性规范是以工程建设活动结果为导向的技术规定，突出了建设工程的规模、布局、功能、性能和关键技术措施，但是，规范中关键技术措施不能涵盖工程规划、建设、管理采用的全部技术方法和措施，仅仅是保障工程性能的"关键点"，很多关键技术措施具有"指令性"特点，即要求工程技术人员去"做什么"，规范要求的结果是要保障建设工程的性能。因此，能否达到规范中性能的要求，以及工程技术人员所采用的技术方法和措施是否按照规范的要求去执行，需要进行全面的分析判定，其中，重点是能否保证工程性能符合规范的规定。

2）进行这种判定的主体应为工程建设的相关责任主体，这是我国现行法律法规的要求。《中华人民共和国建筑法》《建设工程质量管理条例》《民用建筑节能条例》等以及相关的法律法规，突出强调了工程监管、建设、规划、勘察、设计、施工、监理、检测、造价、咨询等各方主体的法律责任，既规定了首要责任，也确定了主体责任。

3）在工程建设过程中，执行强制性工程建设规范是各方主体落实责任的必要条件，是基本的、底线的条件，有义务对工程规划建设管理采用的技术方法和措施是否符合本规范规定进行判定。

4）为了支持创新，鼓励创新成果在建设工程中应用，当拟采用的新技术在工程建设强制性规范或推荐性标准中没有相关规定时，应当对拟采用的工程技术或措施进行分析论证，确保建设工程达到工程建设强制性规范规定的工程性能要求，确保建设工程质量和安全，并应满足国家对建设工程环境保护、卫生健康、经济社会管理、能源资源节约与合理利用等相关基本要求。

5）近年来，我国进行大规模城市更新，既有建筑加固改造行业发展迅速，包括施工方法和工艺、设计方法、检测方法、新材料的应用等。为了支持创新，鼓励创新成果在建设工程中应用，当拟采用的新技术在工程建设强制性规范或推荐性标准中没有相关规定时，应当对拟采用的工程技术或措施进行论证，确保建设工程达到工程建设强制性规范规定的工程性能要求，确保建设工程质量和安全，并应满足国家对建设工程低碳环保的要求。

6）笔者认为加固改造的新思路、新技术、新材料会越来越多，这是科技发展的必然，如果现行规范或标准中没有，就不能采用，显然不符合科学发展观的要求。规范、标准是以实践经验的总结和科学技术的发展为基础的，它不是某项科学技术研究成果，也不是单纯的实践经验总结，而必须是体现两者有机结合的综合成果。实践经验需要科学地归纳、分析、提炼，才能具有普遍的指导意义；科学技术研究成果必须通过实践检验才能确认其客观、实际的可靠程度。因此，任何一项新技术、新工艺、新材料要纳入标准、规范中，必须具备：

（1）通过技术鉴定；

（2）通过一定范围内的试行；

（3）按照规范、标准的制定程序提炼加工。

标准与科学技术发展密切相连。标准应当与科学技术发展同步，适时将科学技术纳入到规范、标准中去。科技进步是提高规范、标准制定质量的关键环节。反过来，如果新技术、新工艺、新材料得不到推广，就难以获取实践的检验，也不能验证其正确性，纳入规范、标准中也会不可靠。为此，给出适当的条件允许其发展，是建立标准与科学技术桥梁的重要机制。

规范的强制性是技术内容法治化的体现，但是并不排斥新技术、新材料、新工艺的应用，更不是桎梏技术人员创造性的发挥。《实施工程建设强制性标准监督规定》（建设部81号令）第五条的规定是"工程建设中拟采用的新技术、新工艺、新材料，不符合现行强制性标准规定的，应当由拟采用单位提请建设单位组织专题技术论证，报批准标准的建设行政主管部门或者国务院有关主管部门审定。"

不符合现行强制性标准规定及现行强制性标准未作规定的，这两者情况是不一样的。对于新技术、新工艺、新材料不符合现行强制性标准规定，是指现行强制性标准（强制性条文）中已经有明确的规定或者限制，而新技术、新工艺、新材料达不到这些要求或者超过其限制条件。这时，应当由拟采用单位提请建设单位组织专题技术论证，并按规定报送有关主管部门审定。如果新技术、新工艺、新材料的应用在现行强制性标准中未作规定，则不受《实施工程建设强制性标准监督规定》（建设部令81号）的约束。

第2章　基本规定

2.0.1　既有建筑应进行安全性检查,并应根据检查结果,及时采取相应措施。

 延伸阅读与深度理解

1) 既有建筑应定期进行安全性检查,以排除其中存在的安全隐患。

2) 日常运维安全性检查是保证建筑物正常工作的重要一环,是包含在建筑物日常管理工作中的,其具体操作可根据建筑物的重要程度、使用需求等进行自主安排。

3) 单独进行安全性检查,不论在工作量或所使用的手段上,均与系统地进行可靠性鉴定或安全性鉴定有较大差别,显然在不少情况下,可以收到提高工效和节约费用的良好效果。

4)《工程结构通用规范》GB 55001—2021 第2.0.2条:既有建筑应确定维护周期,并对其进行周期性的检查。

5)《工程结构通用规范》GB 55001—2021 3.3节　结构检查

3.3.1　结构日常检查应包括下列主要内容:

1) 结构的使用荷载变化情况;

2) 建筑周围环境变化和结构整体及局部变形;

3) 结构构件及其连接的缺陷、变形、损伤。

3.3.2　结构特定检查应包括下列内容:

1) 在台风、大雪、大风前后,屋盖、支撑系统及其连接节点的缺陷、变形、损伤;

2) 在暴雨前后,既有建筑周围地面变形、周围山体滑坡、地基下沉、结构倾斜变形。

6) 但比较遗憾的是目前还没有国家标准明确对既有建筑在使用期间应按什么原则检查的规定。

近些年,由于几起自建房垮塌事故,引起工程界对此问题的高度重视,有的地方已经给出具体规定。如河南省就发文规定:

对于既有建筑鉴定要求:人员密集公共建筑,应当每5年进行一次安全性隐患检查;使用满30年的居住建筑应当进行首次安全隐患检查,以后每10年进行一次安全隐患检查。依据检查结果及时采取相应措施。

7) 具体要求可参见《既有建筑维护与改造通用规范》GB 55022—2021 相关规定。

2.0.2　既有建筑在下列情况下应进行鉴定:

1　达到设计工作年限需要继续使用。

2　改建、扩建、移位以及建筑用途或使用环境改变前。

3　原设计未考虑抗震设防或抗震设防要求提高。

4　遭受灾害或事故后。

5　存在较严重的质量缺陷或损伤、疲劳、变形、振动影响、毗邻工程施工影响。

6 日常使用中发现安全隐患。

7 有要求需进行质量评价时。

 延伸阅读与深度理解

1) 本条明确了既有建筑需要进行鉴定的几种情况。

2) 综合我国既有建筑现状及需求，参考《结构设计基础：现有结构的评定》ISO 13822—2010 第 1 章的规定并考虑我国市场经济发展情况，规定了何时应进行鉴定。其中，第 7 款规定："有要求需进行质量评价时"，即指应管理部门、保险公司、银行、业主等的要求，需对既有建筑进行质量评价的情形。

3) 达到设计工作年限需要继续使用；

第 1 款中的设计工作年限应该与《建筑结构可靠性设计统一标准》GB 50068—2018 中所指的设计使用年限为一个概念，从发布的各本通用规范的用词看，均将设计使用年限改为了设计工作年限。后续检测报告中凡是涉及"设计使用年限"的，是否均应改为"设计工作年限"，值得注意。

4) 何为"改建"工程，何为"扩建"工程？

第 2 款中将"改建、扩建"项目也纳入了需进行鉴定的范畴，为什么要提及这样的问题？请各位注意《建筑与市政工程抗震通用规范》GB 55002—2021 第 1.0.2 条：抗震设防烈度 6 度及以上地区的各类新建、扩建、改建建筑与市政工程必须进行抗震设防，工程项目的勘察、设计、施工、使用维护等必须执行本规范。

同是通用规范，都出现了改建工程和扩建工程，那么改建工程与扩建工程的界限是什么？改建、扩建工程又应该执行哪一本规范？通用技术规范并未给出明确的定义，实际工程中遇到这样的问题，工程技术人员如何正确把握？笔者请各位参考《建设工程质量管理条例》中的相关规定及释义。

(1) 改建：指不增加建筑物或建设项目体量，改善建筑物使用功能，改变使用目的，对原有工程进行改造的建设项目。企业为了平衡生产能力，增加一些附属，如辅助车间或非生产性工程，也属于改建项目。

(2) 扩建：指在原有基础上加以扩充的建设项目，对于建筑工程，扩建主要指在原有基础上加层或外扩，但需重新建造基础的工程属于新建工程。

笔者认为上述释义还是比较确切的，改建以建筑物的内部改造为主，扩建主要指加层或外扩改造。对于改建项目可按本规范的相关要求执行，对于扩建项目，原有建筑按本规范的相关要求执行，但对加层或扩建改造项目应按新建工程考虑。对于"平改坡"项目，只要坡屋顶不超过一层，仍按《通规》GB 55021—2021 的要求执行。

对于外贴加建项目（包括外加电梯），外贴部分应按新建工程考虑，原有建筑按既有建筑进行鉴定。

当然，实际工程中的情况很复杂，必要时需根据改、扩建工程的规模进行专门的论证。

5) 第 3 款是否必须执行，笔者的回答是"要执行，但不是立即执行"。我国各地的抗震设防要求变化很大，以下是《建筑抗震设计规范》GB 50011—2010（2016年版）编制组提供的 2016 年版全国城镇地震动参数变化的统计情况，设防参数不变的占 56%，加速度提高的占 18%，特征周期调整的占 13%（其实就是地震分组的提高），新增设防区的占 13%（也就是说这些地方以前都是非抗震区）。如图 2.0.2 所示。

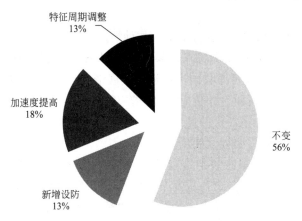

图 2.0.2　县级及以上城镇抗震设防变化统计

目前，正在进行全国自然灾害综合风险普查，相信最后的普查结果不容乐观，国家层面应该考虑不同地域的地震危险性、地震易损性、经济发达水平、人员伤亡和灾害损失预估等因素，有计划、分步骤地实施鉴定加固计划。

6）遭受灾害或事故后。

这里所指的情况应该与《建筑结构可靠性设计统一标准》GB 50068—2018 中的偶然作用大体一致，包括发生地震、火灾、洪水、爆炸和非正常撞击等各种偶然作用或意外灾害，对此应进行灾后鉴定。而灾后鉴定实际的鉴定内容应与《通规》GB 55021—2021 所列的安全性鉴定和抗震鉴定的内容存在不一致的地方。《通规》GB 55021—2021 仅对安全性鉴定和抗震鉴定作出了规定，并未规定其他类型的鉴定，这是该规范的不足之处。

7）存在较严重的质量缺陷或损伤、疲劳、变形、振动影响、毗邻工程施工影响。

与第 4 款类似，该款规定的各种情形，大部分情况下应进行专项鉴定，而不是安全性鉴定和抗震鉴定。比如某房屋在毗邻建设工程施工影响范围内，由于毗邻建设工程采取措施到位，对该房屋的影响很小，且对房屋安全并未造成实质性影响，则在具体鉴定时，是否应按《通规》GB 55021—2021 的要求对房屋进行安全性鉴定和抗震鉴定？若鉴定后原房屋的抗震能力不足，该如何处理呢？特别是在房屋产权与毗邻建设工程不一致的前提下，非常容易引起不必要的矛盾，实际上可操作性不大。

8）日常使用中发现安全隐患。

日常使用中发现安全隐患是否应该按《通规》GB 55021—2021 的要求对房屋进行安全性鉴定和抗震鉴定，还是进行专项鉴定，恐怕也应结合实际安全隐患的情况确定，实际工程中所谓安全隐患的情况种类非常多，若都是一刀切进行安全性鉴定和抗震鉴定，很多情况下不具有可操作性。

9）有要求进行质量评价时。

当适用于该款的规定时，应结合委托方的要求进行，委托方要求进行什么类型的质量评价，就应该进行什么类型的质量评价，而不是机械地套用《通规》GB 55021—2021 的要求。特别是对质量评价的标准问题，应根据委托方的要求，选择适合的标准。比如对既有建筑在建造过程中的质量争议问题，一般应按建造当时适用的标准进行评价，而不是按照《通规》GB 55021—2021 的要求进行评价等。

10）"烂尾楼"是否需要鉴定？可否按照既有建筑鉴定？

就此问题，笔者曾经和一位检测鉴定专家进行过讨论。

他认为：目前规范是针对"既有建筑"的鉴定，"烂尾楼"不属于既有建筑，所以无法鉴定。

笔者认为：显然这个说法过于机械，"烂尾楼"重建无论是否改变功能都必须对其进行检测鉴定。只是往往由于是"半成品"，无法对结构整体性进行鉴定，但至少可以做到构件层级的检测鉴定。

2.0.3 既有建筑在下列情况下应进行加固：

1 经安全性鉴定确认需要提高结构构件的安全性。

2 经抗震鉴定确认需要加强整体性、改善构件的受力状况、提高综合抗震能力。

 延伸阅读与深度理解

1）本条系根据各类型结构新建设计以及加固设计中的相关共性要求，并结合实际需求而提出的。

2）本条分别针对安全性鉴定和抗震鉴定明确了既有建筑需要进行加固的情况。

3）这里再次明确既有建筑的鉴定与加固，应遵循先检测、鉴定，后加固设计、施工与验收的原则。

4）这里特别强调，抗震鉴定与加固需要提高综合抗震能力这个概念。

2.0.4 既有建筑的鉴定与加固应符合下列规定：

1 既有建筑的鉴定应同时进行安全性鉴定和抗震鉴定。

2 既有建筑的加固应进行承载能力加固和抗震能力加固，且应以修复建筑物安全使用功能、延长其工作年限为目标。

3 既有建筑应满足防倒塌的整体牢固性，以及紧急状态时人员从建筑中撤离等安全性应急功能要求。

 延伸阅读与深度理解

1）本条对既有建筑的鉴定和加固进行了总体规定，将既有建筑鉴定分为在永久荷载和可变荷载作用下承载能力的安全性鉴定和在地震作用下的抗震能力鉴定，将既有建筑加固分为承载能力加固和抗震加固。

2）本规范要求专业技术人员在承担结构鉴定与加固时，应对该承重结构的整体牢固性进行检查与评估，以确定是否需作相应的加强；同时，应保证既有建筑在紧急状态和灾害作用（如火灾等）下的安全性，以使进出既有建筑的人员安全撤离。

3）第1款规定了对既有建筑的鉴定应同时进行安全性鉴定和抗震鉴定。

该条文规定从根本上解决了安全性鉴定与抗震鉴定之间的关系问题。事实上，长期以来，《工程结构可靠性设计统一标准》GB 50153、《建筑结构可靠性设计统一标准》GB 50068、《民用建筑可靠性鉴定标准》GB 50292、《工业建筑可靠性鉴定标准》GB 50144等规范中，对安全性鉴定中是否包含抗震性能鉴定均不同程度存在前后矛盾或含糊其词之处，从而在实践中造成了事实上的混乱现象，即有的鉴定报告的安全性鉴定不考虑抗震设防工况，而有的鉴定报告则考虑相应的抗震设防工况。由于不考虑抗震设防工况的安全性鉴定相对简单，因此在各个检测单位中大行其道。北京市地方标准为了解决这个问题，不得不创造出一个"综合安全性"的名词来。

事实上，《建筑结构可靠性设计统一标准》GB 50068—2018中对结构可靠性有明确的定义，即"结构在规定的时间内，在规定的条件下，完成预定功能的能力"，其中第3.1.2条第1款就指出：结构应能承受在施工和使用期间可能出现的各种作用。在其条文说明中指出：该款是对结构安全性的要求。很显然，这里所说的"各种作用"应该包括地震作用（该条其余各款条文中均未有地震作用）。也就是说，从统一标准的角度，结构的安全性应该涵盖结构的抗震性能。

另外，《工程结构设计基本术语标准》GB/T 50083—2014中，对安全性作出了如下的定义：

2.5.2 安全性

结构在正常施工和正常使用条件下，承受可能出现的各种作用的能力，以及在偶然事件发生时和发生后，仍保持必要的整体稳定性的能力。

这个对"安全性"的定义与《工程结构可靠性设计统一标准》GB 50153—2008的定义基本一致，因此从上述标准而言，对房屋安全性应该考虑抗震安全性是明确的。但由于具体的鉴定规范由各主编单位编制，安全性鉴定标准和抗震鉴定标准不是同一主编单位，相互之间缺少协调，因此导致具体的鉴定标准中，对安全性鉴定和抗震鉴定的关系不明确，甚至相互矛盾。

4）问题讨论1：关于安全性鉴定和抗震鉴定的关系

本条规定"既有建筑的鉴定应同时进行安全性鉴定和抗震鉴定"。长期以来，关于结构安全性鉴定是否应考虑地震作用一直存在争议。

《工程结构设计基本术语标准》GB/T 50083—2014中对安全性的定义为"结构在正常施工和正常使用条件下，承受可能出现的各种作用的能力，以及在偶然事件发生时和发生后，仍保持必要的整体稳定性的能力"。在现行《建筑结构荷载规范》GB 50009等相关规范、标准中均有解释说明，偶然作用包括地震。因此，从广义上讲，结构安全性包括抗震安全性。

但具体到"安全性鉴定"，《通规》GB 55021—2021在条文说明中解释为"在永久荷载和可变荷载作用下承载能力"的鉴定，明确将正常使用条件下的安全性鉴定和考虑地震作用下的抗震鉴定加以区分，这可能是考虑到我国既有房屋安全管理的历史和现状。但该条文又强调须同时进行两种鉴定，因此即使委托方委托进行房屋安全性鉴定也不能不考虑抗震。大多数委托方是不了解规范的，作为鉴定机构应予以解释和引导。

5）问题讨论2：既有建筑鉴定是否均应必须进行安全性鉴定和抗震鉴定？

笔者认为应结合具体工程情况综合考虑是否必须进行安全性鉴定和抗震鉴定。

简述理由如下：

（1）安全性鉴定：指对建筑的结构承载力和结构整体稳定性所进行的调查、检测、验算、分析和评定等一系列活动。

（2）抗震鉴定：指通过检查既有建筑的设计、施工质量和现状，按规定的抗震设防要求，对其在地震作用下的安全性进行评估。

（3）在对既有建筑进行鉴定时，必须进行安全性鉴定和抗震鉴定，这显然是低估了既有建筑鉴定的复杂性和多样性。正如前文所述，对既有建筑的鉴定往往需要根据实际情况，选取适当的鉴定内容和方法，很多情况下往往只需要进行专项鉴定，而不是全面的安全性鉴定，这时如果按照《通规》GB 55021—2021第2.0.4条的要求，则鉴定往往无法进行。

（4）就连《通规》GB 55021—2021内的相关条文也存在违反第2.0.4条之处。比如《通规》GB 55021—2021第4.1.2条规定："当仅对既有建筑的局部进行安全性鉴定时，应根据结构体系的构成情况和实际需要，仅进行至某一层次"。众所周知，对一个结构单体而言，是不能进行局部结构的抗震鉴定的，而安全性鉴定却可以，若根据《通规》GB 55021—2021第4.1.2条规定，仅对既有建筑局部进行安全性鉴定，那如何根据《通规》GB 55021—2021第2.0.4条的规定进行抗震鉴定呢？显然是不需要的。

（5）依据《建设工程抗震管理条例》（2019年版）

第三章 鉴定、加固和维护

第十九条 国家实行建设工程抗震性能鉴定制度。

按照《中华人民共和国防震减灾法》第三十九条规定应当进行抗震性能鉴定的建设工程，由所有权人委托具有相应技术条件和技术能力的机构进行鉴定。

《中华人民共和国防震减灾法》第三十九条 已经建成的下列建设工程，未采取抗震设防措施或者抗震设防措施未达到抗震设防要求的，应当按照国家有关规定进行抗震性能鉴定，并采取必要的抗震加固措施：

（一）重大建设工程；

（二）可能发生严重次生灾害的建设工程；

（三）具有重大历史、科学、艺术价值或者重要纪念意义的建设工程；

（四）学校、医院等人员密集场所的建设工程；

（五）地震重点监视防御区内的建设工程。

（6）《通规》GB 55021—2021主编也在很多演讲中说到：安全性鉴定可不与抗震鉴定同时进行，但抗震鉴定前必须进行安全性鉴定。

（7）基于以上分析笔者建议如下：

① 对于不改变使用功能，保持原使用年限不变，仅仅内部装修和局部改造（改造后结构抗侧刚度不超过原设计10%和重力荷载代表值不超过原设计的5%时），可以仅对其进行安全性鉴定；

② 对于不改变使用功能，保持原使用年限不变，仅仅内部装修和局部改造（改造后

结构抗侧刚度超过原设计10%或重力荷载代表值超过原设计的5%时），则需要对其进行安全性鉴定和抗震鉴定；

③ 对于改变使用功能或延长后续设计年限的工程，均应对其进行安全性鉴定和抗震鉴定。

④ 当然，笔者认为，凡是初步分析判断，均会认为本次改造需要进行加固设计，均可不进行抗震鉴定，抗震鉴定由后续加固设计完成即可。

【工程案例】笔者2022年7月受邀参加某工程改造加固论证会。

项目概况：本项目位于北京市某区。地上12层（局部机房凸出屋面），九层处有退层；地下1层。层高情况：地下一层：5.28m；首层：4.5m；二层：4.0m；三～十二层：3.5m；机房层：4.3m。结构大屋面标高：43.43m。

设计时间：1998年，竣工时间：2000年。

抗震等级：框架三级，剪力墙二级，基础形式：梁板式筏形基础高700mm，梁截面900mm×1400mm。

改造内容：改造前/后使用功能：办公/办公，维持原设计使用年限不变。

本次改造重点是入口处需要拆除一片剪力墙，形成大堂入口，如图2.0.4所示。

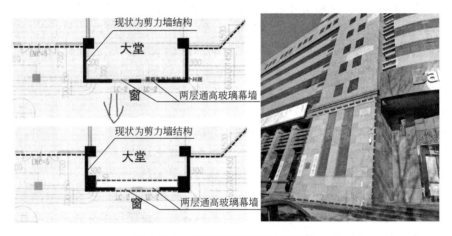

图2.0.4 局部改造平面及立面示意

需要专家咨询论证的几个问题：

咨询问题1：本项目检测鉴定和结构加固能否仅考虑门头局部，不作整楼检测鉴定和加固改造设计？

咨询问题2：若仅作局部鉴定和加固设计，在不增加后续使用年限的前提下，是否可延用"89规范（《建筑抗震设计规范》GBJ 11—89）"？

咨询问题3：若仅作局部鉴定和加固设计，如何考虑原结构超限带来的改造影响？

专家组经过听取设计复核情况汇报，并审阅相关资料，经质询和讨论，鉴于建筑改造并未改变使用功能，维持原设计使用年限，形成如下意见和建议：

1）入口仅去掉窗间墙方案，可仅进行局部安全性检测鉴定；

2）入口仅去掉窗间墙方案，经对整体结构复核后，结构刚度及重力荷载代表值变化均在相关标准范围内，可仅进行局部加固改造设计；

3）门头改造相关范围构件，按现行规范和标准进行设计。

2.0.5 既有建筑的加固必须采用质量合格，符合安全、卫生、环保要求的材料、产品和设备。

2.0.6 既有建筑的加固必须按规定的程序进行加固设计；不得将鉴定报告直接用于施工。

2.0.7 既有建筑的加固施工必须进行加固工程的施工质量检验和竣工验收；合格后方允许投入使用。

 延伸阅读与深度理解

2.0.5～2.0.7 这三条规定了既有建筑加固时的以下基本原则：

1）包括材料、产品与设备的底线要求，加固设计、施工与竣工验收的程序与要求等。

2）既有建筑必须先检测鉴定，依据鉴定结论进行加固设计，施工单位依据加工设计图进行施工及施工质量检验和竣工验收，合格后方可交付使用。

3）特别强调"不得将鉴定报告直接用于施工"。特别是一些较小的加固工程，往往缺少加固设计环节，直接依据鉴定报告进行加固施工，这是不允许的。

4）既有建筑的加固施工必须进行加固工程的施工质量检验和竣工验收；合格后方允许投入使用。

第3章　调查、检测与监测

3.1　一般规定

3.1.1　既有建筑鉴定与加固前，应查阅工程图纸、搜集资料，并应对建筑物使用条件、使用环境、结构现状等进行现场调查、检测，必要时应进行监测。其工作的范围、内容、深度和技术要求，应满足鉴定与加固工作的需要。

 延伸阅读与深度理解

1）现场调查、检测和监测是后续鉴定与加固的前期工作和重要基础，其准确性和科学性决定了后续工作的正确性和合理性。

2）调查、检测与监测的范围、内容、深度和技术要求，应充分支撑鉴定与加固需求。

3）特别注意：无论鉴定范围大小，均应对受鉴定建筑物整体稳固性的现状进行调查。这是对我国唐山大地震和"5·12"汶川强震血的教训的总结。因为通过一般检测和鉴定，虽然能够查明该结构每一构件是否安全，但这并不意味着可以据以判断该承重结构体系的整体承载是否安全。因为就结构体系而言，其整体的安全性还在很大程度上取决于原结构方案及其布置是否合理，构件之间的连接、拉结和锚固是否系统而可靠，其原有的构造措施是否得当与有效等。这些就是结构整体稳固性的内涵，其所起到的综合作用就是使结构具有足够的延性和冗余度，以防止因偶然作用而导致的局部破坏发展成为整个结构的倒塌，甚至连续倒塌。因此，要求专业技术人员在承担结构的安全性鉴定时，应对该承重结构的整体稳固性进行调查与评估，以确定是否需作相应的加强。

4）应根据各类建筑结构的特点、结构布置、构造和抗震承载力等因素，采用相应的逐级鉴定方法，进行综合抗震能力分析。

5）对现有建筑整体抗震性能作出评价，对符合抗震鉴定要求的建筑应说明其后续使用年限，对不符合抗震鉴定要求的建筑提出相应的抗震减灾对策和处理意见。

3.1.2　当既有建筑的工程图纸和资料不全或已失真时，应进行现场详细核查和检测。

 延伸阅读与深度理解

1）本条引自《民用建筑可靠性鉴定标准》GB 50292—2015 第4.1.3条。

结构鉴定与加固应有相应的资料作为依据。当既有建筑结构存在资料缺失或失真现象时，应对其进行核实和补测，作为依据，保证结构鉴定与加固的可行性。

2）当既有建筑物的工程图纸资料不全时，应确定既有建（构）筑物的结构布置、结构体系、构件材料强度、混凝土构件的配筋、结构与构件的几何尺寸及连接构造等，钢筋混凝土构件应确定主筋与箍筋配置及钢筋保护层厚度等，并在检查与检测的基础上绘制工程现状主要结构布置图。

3）问题讨论：既有建筑"设计、施工资料缺失对结构检测鉴定有哪些影响？"

工程地质勘察报告、设计施工图纸、竣工资料等设计施工资料是在对既有结构进行检测鉴定时需要搜集、参考的重要资料，但是在工作实践中，时常会发生由于建设年代久远、使用单位保存不善等原因，导致部分或全部设计施工资料缺失的现象。而设计施工资料缺失将会同时给检测鉴定的委托方和检测鉴定单位带来重大影响。

（1）对委托方

对于检测鉴定的委托方来说，设计施工资料缺失产生的最重要的影响就是会直接导致检测鉴定费用的大幅上涨，且检测鉴定过程对结构损伤较大，后期维护难度加大。

（2）对检测鉴定单位

对检测鉴定单位而言，设计施工资料的缺失将导致工作量成倍增加，鉴定成本提高，且承担的风险提高。

4）笔者建议：既有建筑无有效图纸资料时，应通过现场检查确定结构类型、结构体系、构件布置，并应通过检测确定结构构件的类别、材料强度、几何尺寸、连接构造等，钢筋混凝土构件应确定主筋与箍筋配置及钢筋保护层厚度等，并宜在检查与检测的基础上绘制主要结构布置图。

【工程案例】2022年8月笔者受邀参加了一个工程论证会。

工程概况：北京某既有建筑建于1983年。地上三层砖混结构；根据《检测鉴定报告》：砖的强度为MU10，砂浆强度为M3.3；楼板及屋面板为预制板，预制板型号不详。原结构设计资料缺失。图3.1.2所示为现状图片。经现场实测本楼东西总长34.08m，南北宽12.8m，高度3.4m×3＝10.2m。

建筑功能改变：由办公、宾馆改为养老居住；后续按A类建筑使用30年。

图3.1.2 既有建筑现状图

业主及设计咨询问题：

咨询问题1：原功能为办公，改为养老设施后，是否可以按丙类设防？

咨询问题2：改为养老设施后，如果按乙类设防，后续30年A类建筑进行鉴定加固，是否可不做减隔震设计？

咨询问题3：是否可以不执行《通规》GB 55021—2021？（荷载分项系数、活荷载取

值、地震作用分项系数）

咨询问题 4：由于楼板及屋面板均采用预制空心板，目前没有任何相关资料，如何处理？

专家组听取了设计汇报，审阅了相关资料，经质询，讨论形成如下意见及建议：

（1）建议建设单位对结构现状进行检测，完成相应图纸；

（2）改造后为养老建筑，抗震设防类别为乙类；

（3）根据既有建筑实际情况可不做减隔震；

（4）加固改造设计按现行《建筑抗震鉴定标准》GB 50023（A 类建筑）执行；

（5）预制板可结合改造，选择合适区域进行现场检测鉴定，为设计提供相关参数。

3.1.3 既有建筑鉴定、加固前的结构调查、检测与监测，应符合下列规定：

1 应采用适合结构现状和现场作业的检测和监测方法。

2 当既有建筑结构取样量受条件限制时，应作为个案通过专门研究进行处理。

3 既有建筑结构构件的材料性能检测结果和变形、损伤的检测、监测结果，应能为结构鉴定提供可靠的依据。检测、监测结果未经综合分析，不得直接作出鉴定结论。

4 应采取措施保障现场检测、监测作业安全，并应制订应急处理预案。

5 检测、监测结束后，应及时对其所造成的结构构件局部破损进行修复。

 延伸阅读与深度理解

1）既有建筑现场检测受制于结构现状、现场环境和条件，因此，在检测方法和检测数据上均应全面考虑，力争在保证检测目的的前提下减小对建筑本身和使用的影响。

2）应采取措施并准备好相应的处理预案，保障检测与监测过程的安全。

3）检测、监测结果须根据既有建筑鉴定与加固的目的，结合建筑实际情况进行综合分析，切忌未经综合分析直接给出鉴定结论。

4）在建筑结构检测中，当采用局部破损方法检测时，在检测工作完成后应进行结构构件受损部位的修补工作，在修补中宜采用高于构件原设计强度等级的材料。

3.2 场地和地基基础

3.2.1 既有建筑群所在场地的调查、检测与监测，应收集该场地内建筑群的历次灾害、场地的工程地质和地震地质的有关资料，并应对边坡场地的稳定性等性能进行勘察。

3.2.2 既有建筑地基基础现状的调查、检测与监测，应符合下列规定：

1 收集原始岩土工程勘察报告及有关地基基础设计的图纸资料。

2 检查地基变形在主体结构及建筑周边的反应。

3 当变形、损伤有发展时，应进行检测和监测。

4 当需通过现场检测确定地基的岩土性能或地基承载力时，应对场地、地基岩土进行近位勘察。

延伸阅读与深度理解

1）此两条规定了场地与地基基础的调查、检测与监测的相关具体要求。

2）资料收集仍是非常重要的一环，此外，地基基础变形在主体结构及建筑周边的反应也至关重要，必要时应进行近位勘察。

3）查阅岩土工程勘察报告以及有关图纸资料，调查建筑实际使用荷载、沉降量和沉降稳定情况、沉降差、上部结构倾斜、扭曲、裂缝，地下室和管线情况。当地基资料不足时，可根据建筑物上部结构是否存在地基不均匀沉降的反应进行评定，还可对场地地基进行近位勘察或沉降观测。

4）当需通过调查确定地基的岩土性能标准值和地基承载力特征值时，应根据调查和补充勘察结果按国家现行有关标准的规定以及原设计所作的调整进行确定。

5）基础的种类和材料性能，可通过查阅图纸资料确定；当资料不足或资料虽然基本齐全但有怀疑时，可开挖个别基础检测，查明基础类型、尺寸、埋深；检验基础材料强度，并检测基础变位、开裂、腐蚀和损伤等情况。

6）对于既有建筑改造加固，应特别注意地下水位变化问题，特别是对于地下结构或带有地下结构的建筑。

比如：近些年，北京地区地下水位逐年在上升。

北京市近几年通过实施河道生态补水、地下水压采等综合措施，有效促进了全市地下水资源涵养修复，全市平原区域总体地下水位显著回升，生态补水区域周边地下水位回升更显著。截至 2022 年 6 月底，北京市平原地区地下水埋深平均为 17.02m。与 2021 年同期相比，全市所有地区地下水水位均普遍回升，平均回升 5.53m，地下水储量增加 28.3 亿 m³。地下水回升幅度较大区域主要集中在密云、怀柔、顺义水源地周边地区，其中怀柔应急水源周边累计回升 20～24m。

总之：地下水回升对地下基础荷载较小的建筑物会带来一系列问题，如地下室防渗、防腐蚀、地板受力、抗浮问题。因此，对既有建筑改造，也必须对地下水体上游生态补水情况、地下水腐蚀性等进行综合调查。

7）对既有建筑勘察可参考北京市地方标准《既有建筑改造加固工程勘察技术标准》DB11/T 2006—2022（2023 年 1 月 1 日实施）。

3.3 主体结构

3.3.1 主体结构现状的调查、检测与监测，应包括下列内容：

1 结构体系及其结构布置。

2 结构构件及其连接。

3 结构缺陷、损伤和腐蚀。

4 结构位移和变形。

5 影响建筑安全的非结构构件。

延伸阅读与深度理解

本条结合安全性鉴定、抗震鉴定和震害经验总结，提出了主体结构现状的调查、检测与监测的项目、方法和要求。

1）结构体系及其结构布置的调查与检测，包括建筑高度和层数、结构平面布置、竖向和水平向承重构件布置；结构抗侧力体系、抗侧力构件平面布置的对称性、抗侧力构件的竖向连续性、结构体形的规则性；房屋有无错层、结构间的连接构造；屋盖类型及构造；钢筋混凝土房屋还包括梁柱节点的连接方式、框架跨数及不同结构体系之间的连接构造；砌体结构还包括墙体布置的规则性、抗震墙的厚度和间距、墙体砌筑质量、圈梁和构造柱体系；内框架和底层框架砌体房屋还包括底层楼盖类型及底层与第二层的侧移刚度比、结构平面质量和刚度分布及墙体（包括填充墙）等抗侧力构件布置的均匀性与对称性；单层厂房还包括房屋整体性、各支撑系统的完整性，并对平面不规则、围护墙体布置不对称或与相邻房屋连接不当而导致的质量、刚度不均匀所造成的扭转影响进行判断。

2）结构构件及其连接的调查、检测与监测，包括结构构件的材料实际强度；几何参数；预埋件、紧固件与构件连接；构件间的连接、拉结、锚固。混凝土结构还包括梁、柱的配筋和短柱、短梁的承载性能；砌体结构还包括墙体交接处的连接、楼屋盖与墙体的连接构造、高厚比、局部承压尺寸；钢结构还包括构件的支承长度、长细比、焊缝质量的可靠性；木结构还包括承重木构架、楼盖和屋盖的施工质量和连接、墙体与木构架的连接；单层厂房还包括大型屋面板连接、高大山墙山尖部分和高低跨的封墙部位的拉结构造。

3）结构缺陷、损伤和腐蚀的调查、检测与监测，包括材料和施工缺陷、施工偏差、构件及其连接、节点的裂缝（裂纹）或其他损伤以及腐蚀。砌体构件还包括砌筑质量、砌体风化、酥碱和砂浆粉化；木结构还包括木材的腐朽和虫害。

4）结构位移和变形的调查、检测与监测，包括结构顶点和层间位移，受弯构件的挠度与侧向弯曲，结构整体的侧向位移及墙、柱的侧倾。

5）影响建筑安全的非结构构件的调查、检测与监测，包括局部易掉落伤人的部件、女儿墙、出屋面烟囱及其他悬挂件等的连接构造。

【工程案例】2020年笔者单位承担的北京某砌体结构加固改造设计。

1）工程概况

北京某院2号楼，砖混结构，建于20世纪80年代（1982年设计），为地上3层（局部4层），建筑面积820.9m²，教卫用房。变形缝南北两侧两个单体。房屋实景如图3.3.1所示。

该房屋上部承重结构为纵横墙混合承重体系，墙体采用黏土红砖混合砂浆砌筑，楼板采用预应力混凝土圆孔板，局部卫生间采用现浇混凝土楼板，其中南侧单体采用现浇混凝土屋面。为保证房屋安全使用，2020年7月甲方委托某检测鉴定单位对本工程进行了检测鉴定。

2）现场检查检测情况及主要损坏

未见上部承重结构存在因沉降引起的裂缝和倾斜；未见主体结构构件存在因抗力不足

图 3.3.1 北京某院 2 号楼房屋实景

引起的裂缝、变形等受损现象；南侧单体预制预应力圆孔板纵向钢筋存在断筋现象。

3）鉴定结论

1. 根据检验结果并依据《房屋结构综合安全性鉴定标准》DB11/637—2015 评定，该房屋南侧单体综合安全性鉴定等级为 C_{ev} 级，房屋结构现状在后续使用年限内显著影响整体安全性能及抗震性能；北侧单体综合安全性鉴定等级均为 D_{ev} 级，房屋结构现状在后续使用年限内严重影响整体安全性能及抗震性能［北京地区乙类建筑、B 类房屋——后续使用 40 年、8 度（0.20g）抗震抗防］。

2. 根据检验结果并依据《危险房屋鉴定标准》JGJ 125—2016 对该房屋的安全性进行评定，该楼南侧单体建筑危险性等级为 B 级，北侧单体建筑危险性等级为 A 级。

说明：依据《危险房屋鉴定标准》JGJ 125—2016：

A 级房屋：无危险构件，房屋结构能满足安全要求；

B 级房屋：个别结构构件评定为危险构件，但不影响主体结构安全，基本能满足安全使用要求；

C 级房屋：部分承重结构不能满足安全使用要求，房屋局部处于危险状态，构成局部危房；

D 级房屋：承重结构已不能满足安全使用要求，房屋整体处于危险状态，构成整幢危房。

3.3.2 对钢筋混凝土结构构件和砌体结构构件，应检查整体倾斜、局部外闪、构件酥裂、老化、构造连接损伤、结构构件的材质与强度。

3.3.3 对钢结构构件和木结构构件，应检查材料性能、构件及节点、连接的变形、裂缝、损伤、缺陷，尚应重点检查下列部位钢材的腐蚀或木材的腐朽、虫蛀的状况：

1 埋入地下或淹没水中的接近地面或水面的部位。

2 易积水或遭水蒸气侵袭部位。

3 受干湿交替作用的节点、连接部位。

4 易积灰的潮湿部位和难喷刷涂层的间隙部位。

5 钢索节点和锚塞部位。

延伸阅读与深度理解

第 3.3.2～3.3.3 条所述对结构、构件的材料性能、几何尺寸、变形、缺陷和损伤等的调查，可按下列原则进行：

（1）对结构、构件材料的性能，当档案资料完整、齐全时，可仅进行校核性检测；符合原设计要求时，可采用原设计资料给出的结果；当缺少资料或有怀疑时，应进行现场详细检测。

（2）对结构、构件的几何尺寸，当图纸资料完整时，可仅进行现场抽样复核；当缺少资料或有怀疑时，可按现行国家标准《建筑结构检测技术标准》GB/T 50344 的规定进行现场检测。

（3）对结构、构件的缺陷、损伤和腐蚀，应进行全面检测，并详细记录缺陷、损伤和腐蚀部位、范围、程度和形态；必要时尚应绘制其分布图。

（4）当需要进行结构承载能力和结构动力特性测试时，应按现行《建筑结构检测技术标准》GB/T 50344 等有关检测标准的规定进行现场测试。

第4章 既有建筑安全性鉴定

4.1 一般规定

4.1.1 既有建筑的安全性鉴定，应按构件、子系统和鉴定系统三个层次，每一层次划分为四个安全性等级。各层次的评级标准应符合表4.1.1的规定。

安全性鉴定评级标准 表4.1.1

层次	鉴定对象	等级	分级标准	处理要求
一	构件的鉴定项目	a_u	安全性符合本规范及现行规范与标准的要求，且能正常工作	不必采取措施
		b_u	安全性略低于本规范对a_u级的要求，尚不明显影响正常工作	仅需采取维护措施
		c_u	安全性不符合本规范对a_u级的要求，已影响正常工作	应采取措施
		d_u	安全性极不符合本规范对a_u级的要求，已严重影响正常工作	必须立即采取措施
二	子系统或其子项的鉴定项目	A_u	安全性符合本规范及现行规范与标准的要求，且整体工作正常	可能有个别一般构件应采取措施
		B_u	安全性略低于本规范对A_u级的要求，尚不明显影响整体工作	可能有极少数构件应采取措施
		C_u	安全性不符合本规范对A_u级的要求，已影响整体工作	应采取措施，且可能有极少数构件必须立即采取措施
		D_u	安全性极不符合本规范对A_u级的要求，已严重影响整体工作	必须立即采取措施
三	鉴定系统	A_{su}	安全性符合本规范及现行规范与标准的要求，且系统工作正常	可能有极少数一般构件应采取措施
		B_{su}	安全性略低于本规范对A_{su}级的要求，尚不明显影响系统工作	可能有极少数构件应采取措施
		C_{su}	安全性不符合本规范对A_{su}级的要求，已影响系统工作	应采取措施，且可能有极少数构件必须立即采取措施
		D_{su}	安全性极不符合本规范对A_{su}级的要求，已严重影响系统工作	必须立即采取措施

 延伸阅读与深度理解

本条部分引自《民用建筑可靠性鉴定标准》GB 50292—2015第3.2.5条和第3.3.1条。

《民用建筑可靠性鉴定标准》GB 50292—2015第3.2.5条采用的结构可靠性鉴定方法，根据分级模式设计的评定程序，将复杂的建筑结构体系分为相对简单的若干层次，然后分层分项进行检查，逐层逐步进行综合，以取得能满足实用要求的可靠性鉴定结论。为此，根据民用建筑的特点，在分析结构失效过程逻辑关系的基础上，本标准将被鉴定的建筑物划分为构件（含连接）、子单元和鉴定单元三个层次；对安全性和可靠性鉴定分别划分为四个等级；对使用性鉴定划分为三个等级。然后根据每一层次各检查项目的检查评定结果确定其安全性、使用性和可靠性的等级，至于其具体的鉴定评级标准，则由各有关章节分别给出。

这里需要补充说明几点：

1）关于鉴定"应从第一层开始，逐层进行"的规定，系就该模式的构成及其一般程序而言，对有些问题，如地基的鉴定评级等，由于不能细分为构件，故允许直接从第二层开始。

2）"检查项目"的检查评定结果最为重要，它不仅是各层次、各组成部分鉴定评级的依据，而且还是处理所查出问题的主要依据。至于子单元（包括其中的每种构件集）和鉴定单元的评定结果，由于经过了综合，只能作为对被鉴定建筑物进行科学管理和宏观决策的依据；如据以制定维修计划、决定建筑群维修重点和顺序、使业主对建筑物所处的状态有概念性的认识等，而不能据以处理具体问题。这在执行本标准时应加以注意。

3）根据详细调查结果，以评级的方法来划分结构或其构件的完好和损坏程度，是当前国内外评估建筑结构安全性、使用性和可靠性最常用的方法，且多采取文字（言词）与界限值相结合的方式划分等级界限。然而值得注意的是，由于分级和界限性质的不同，各国标准、指南或手册中所划分的等级，其内涵将有较大差别，不能随意等同对待。《通规》采用的虽然也是同样形式的分级方法，但其内涵由于考虑了与结构失效概率（或对应的可靠指标）相联系，与现行设计、施工规范相接轨，并与处理对策的分档相协调，因而更具有科学性和合理性，也更切合实用的要求。

4）国内外实践经验表明，分级的档数宜适中，不宜过多或过少。因为级别过多或过少，均难以恰当地给出有意义的分级界限，故一般多根据鉴定的种类和问题的性质，划分为三至五级，个别有六级，但以分为四级居多。本标准根据专家论证结果，对安全性和可靠性鉴定分为四级；对使用性鉴定分为三级，其所以少分一个等级，是因为考虑到使用性鉴定不存在类似"危及安全"这一档。不可能作出"必须立即采取措施"的结论。

5）问题讨论："如果既有建筑建造年代较短（比如仅5年以内），后期改造是否必须对原结构进行安全性和抗震鉴定"？

笔者观点是需要设计区分工程情况分别对待：

（1）如果原设计资料齐全，且使用期间未发生偶然事件，原建筑也是本单位（后期改造设计单位）设计，笔者认为可以不进行安全性鉴定，直接按后续改造要求进行加固设计。

（2）如果原设计资料齐全，且使用期间未发生偶然事件，原建筑不是本单位（改造设计单位）设计，笔者认为可仅作安全性鉴定，依据安全性鉴定结论，按后续改造要求进行加固设计。

（3）如果原设计资料不齐全或使用期间发生过偶然事故，笔者认为应对原结构作安全性鉴定及抗震鉴定，依据鉴定结论，按后续改造要求进行加固设计。

【案例说明】中山市建设工程施工图设计、审查常见疑难问题解析汇编（2021 年版）

设计咨询问题：《混凝土结构设计规范》GB 50010—2010（2015 年版）第 3.7.1 条、《建筑抗震鉴定标准》GB 50023—2009 第 1.0.6 条，既有结构进行加层扩建时，如果既有结构投入使用的时间较短（比如仅 5 年左右）且既有结构原设计已经预留了后续可能的加层荷载，此种情况是否需要进行《房屋安全鉴定》，并提供相应报告？

审图单位回复：

（1）由原设计人进行加层扩建设计时，甲方应提供竣工验收资料，且原设计人对验收资料无疑问时，可不进行鉴定，否则应进行鉴定。

（2）由非原设计人进行加层扩建设计时，甲方应提供竣工验收资料，并进行鉴定。

笔者说明：这里的原设计人，应理解为原建筑的设计单位。

【工程案例】2022 年 11 月笔者受邀在北京参加某工程加固改造论证。

原结构设计概况：项目由 2 栋商业建筑及地下车库组成。设计图纸时间是 2013 年 12 月，开始施工时间是 2015 年 6 月，竣工时间是 2019 年 4 月。现状是公区已装修，其余区域为毛坯状态，至今（2022 年 11 月）未开业。

依据新的业态变化，需要对此建筑进行局部业态调整。

加固设计单位咨询专家：是否需要进行安全性及抗震安全性鉴定？

专家组分析认为：由于此工程资料齐全（竣工图、竣工验收等），认为可以不进行安全性鉴定，加固设计单位结合本次改造进行加固设计即可。

4.1.2　当仅对既有建筑的局部进行安全性鉴定时，应根据结构体系的构成情况和实际需要，仅进行至某一层次。

 延伸阅读与深度理解

1）委托方需要鉴定的范围及层次与实际需求直接相关，虽然《通规》第 4.1.1 条给出了系统和完整的鉴定评级层次和标准，但是仍然可以根据实际需要仅进行到某一层次。

2）一般而言，无论进行至哪一层次，均应从第一层次开始逐级向上一层次鉴定。

3）本条局部构件层次鉴定，自然只限于安全性鉴定。

4）问题讨论：关于局部安全性鉴定。

局部安全性鉴定是近年来热议的话题，也应是今后遇到最多的既有建筑改造问题。

规范中将鉴定层次分为构件、子系统（场地与地基基础、主体结构）、鉴定系统三个层次，从中可以看出，对于常见的局部安全性鉴定的情况，一般而言只能进行到构件层次。通用规范中允许局部安全性鉴定，但无具体的要求，实际执行中如把握不当可能引起问题。

笔者特别提醒注意以下几个问题：

（1）局部安全性鉴定的前提条件必须是鉴定单位不怀疑整体结构的安全性，这就意味着房屋应采用整体性较好的结构体系，并经过正规设计、施工，图纸基本齐全且准确，使用过程中能得到正常的维护，无严重的结构性损伤或变形，未经历严重的灾害或不规范的改造，不符合这些前提条件的不宜进行局部安全性鉴定。

（2）在现场检测中，除应对委托区域进行常规的调查、检测外，对于相邻非委托区域乃至整体结构还应调查有无严重的结构性损伤和有无结构改扩建、大幅增加荷载、破坏承重结构等情况，材性和配筋等如有条件也应少量抽样复核。

（3）原则上应进行整体结构验算或选择相对独立的承重结构子系统进行计算，且结论应仅限于构件层次。

（4）如果现场检测时发现非委托区域存在安全隐患，应尽到提醒义务，如发现危险迹象，应明确告知委托方处理，不可回避。

总之，对于局部安全性鉴定，建议鉴定机构事先进行必要的风险评估，对具体的鉴定技术路线应深入考量，结论措辞应谨慎，不可盲目下结论或扩大结论范围。

【工程案例】局部鉴定引起的事故。

2022年4月29日发生在湖南长沙的居民楼突然垮塌事件，震惊全国，特别是土木工程相关领域的人员。

简单回顾一下，倒塌房屋如图4.1.2所示。本工程为砌体结构，地上6层。

据2022年5月6日报道，失联人员全部找到，其中获救10人，遇难53人。

图4.1.2　倒塌房屋

于2022年4月13日对本工程所作鉴定报告原文摘录如下：

一、综合评定

根据《民用建筑可靠性鉴定标准》GB 50292—2015相关规定，长沙市望城区品种家庭旅馆四层至六层主体结构现阶段安全性鉴定等级评定为Bsu级。可按现状作为旅馆用途正常使用。

湖南湘大工程检测有限公司
2022年4月13日

笔者解读：本工程仅对改造的四层至六层主体结构进行了安全性鉴定，显然没有对整体结构进行必要的评估，造成了这次重大工程事故。当然，检测单位也必然会受到应有的惩罚。

特别提醒注意：《建筑与市政工程施工质量控制通用规范》GB 55032—2022，自2023年3月1日起实施。其中，第3.4.5条规定：检测机构严禁出具虚假检测报告。

4.2 构件层次安全性鉴定

4.2.1 主体结构承重构件的安全性鉴定，应按承载能力、构造与连接、不适于继续承载的变形和损伤（含腐蚀损伤）四个鉴定项目，分别评定每一项目等级，并应取其中最低一级作为该构件的安全性等级。

 延伸阅读与深度理解

1) 主体结构承重构件的安全性鉴定应包含的鉴定项目，是在建筑结构可靠度设计理论定义的承载能力极限状态基础上，参照国内外有关标准和工程鉴定经验确定的。

2) 本条引自《工业建筑可靠性鉴定标准》GB 50144 和《民用建筑可靠性鉴定标准》GB 50292 构件安全性鉴定评级章节。

【工程案例】2022 年某司承接的北京某既有建筑改造工程

工程概况：北京某产业园装修改造项目，其 1 号楼主体结构始建于 20 世纪 90 年代，为地下 1 层、地上 3 层混凝土框架结构，建筑面积为 2484.71m²。

委托方委托鉴定单位对该项目 1 号楼主体结构现状进行房屋安全检测。

检测单位给出了该项目 1 号楼框架梁配筋面积的计算结果，如图 4.2.1 所示（本次仅示意出地上 2 层）。

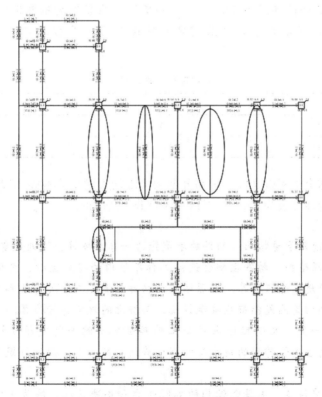

图 4.2.1 地上二层混凝土构件配筋简图

由图可见：北京某产业园装修改造项目 1 号楼部分框架梁配筋面积不满足规范要求。结构构件安全性鉴定评级如表 4.2.1-1 所示。

结构构件安全性鉴定评级　　　　　　　　　　　　　　表 4.2.1-1

鉴定位置	检查项目（主要构件和一般构件）				综合评定
	构件类别	承载能力	构造	变形与损伤	
上部承重结构构件	框架梁、框架柱	c_u	b_u	b_u	c_u
	楼板	a_u	a_u	a_u	a_u
地基基础	b_u				b_u

上部承重结构安全性评级如表 4.2.1-2 所示。

上部承重结构安全性评级　　　　　　　　　　　　　　表 4.2.1-2

评定项目		构件评级汇总	评定等级	上部承重结构安全性等级
构件的安全性等级	主要构件 框架柱、框架梁	c_u 级构件、d_u 级构件含量符合 c_u 级规定	C_u	C_u
	一般构件 楼板	a_u 级构件、b_u 级构件含量符合 A_u 级规定	A_u	
按结构布置、支撑、结构间联系评定结构整体性等级		结构布置、支撑、构造满足规范要求	B_u	

根据子单元安全性评级结果，依据《房屋结构综合安全性鉴定标准》DB11/637—2015 的相关规定，评定北京某产业园装修改造项目 1 号楼的安全性等级为 C_{su}，如表 4.2.1-3 所示。

房屋安全性评级　　　　　　　　　　　　　　　　表 4.2.1-3

子单元	鉴定评级	房屋评级
地基基础	B_u	C_{su}
上部承重结构	C_u	

注意：其实这个工程就是仅由于部分框架梁配筋不满足非地震工况下的承载力要求，结论给出房屋安全性等级为 C_{su}，笔者认为还是非常严厉的。

4.2.2 既有建筑承重结构、构件的承载能力验算，应符合下列规定：

1 当为鉴定原结构、构件在剩余设计工作年限内的安全性时，应按不低于原建造时的荷载规范和设计规范进行验算；如原结构、构件出现过与永久荷载和可变荷载相关的较大变形或损伤，则相关性能指标应按现行规范与标准的规定进行验算。

2 当为结构加固、改变用途或延长工作年限的目的而鉴定原结构、构件的安全性时，应在调查结构上实际作用的荷载及拟新增荷载的基础上，按现行规范与标准的规定进行验算。

3 采用的计算模型，应符合结构的实际受力和构造状况；结构上的作用（荷载）应经现场调查或检测核算；材料强度的标准值，应根据构件的实际状况、设计文件与现场检测综合确定；应计入由温度和变形产生的附加内力；结构或构件的几何参数应取实测值，并应计入相关不利影响。

 延伸阅读与深度理解

1）本条明确了安全性鉴定承载能力验算所参考的标准应视鉴定目的而定，就是首先需要明确鉴定的目的。

2）安全性鉴定中，结构构件承载能力验算是十分重要的一个环节。为力求得到科学而合理的结果，除应规定不同鉴定目的所采用的标准及其相关注意事项外，还有必要在计算模型、抗力和效应相关参数的取用上，作出统一规定。

3）几个需要讨论的问题：

对于既有建筑的改造，是否有必要严格执行现行规范与标准？提高荷载分项系数真的如此重要吗？

本条第 2 款的规定：当为结构加固、改变用途或延长工作年限的目的而鉴定原结构、构件的安全性时，应在调查结构上实际作用的荷载及拟新增荷载的基础上，按现行规范与标准的规定进行验算。对于这个问题程绍革总于 2022 年 2 月 10 日在 CECS 抗震专业委员会公众号的发文有相应说明，现将相关内容摘录如下：

（1）该款规定带来的影响：

① 从正面看，《通规》GB 55021—2021 要求与《工程结构通用规范》GB 55001—2021 配套使用，也就是说荷载分项系数提高了，恒荷载分项系数由 1.2 提高到 1.3，活荷载分项系数由 1.4 提高到 1.5，相应的构件可靠性指标、安全性有所提升，是件好事，结构工程师心里也踏实。

② 从负面看，随着我国经济的转型发展，城市进入更新与建筑改造时代，大量的既有建筑需要进行改造及延长工作年限继续使用，这些建筑如须执行现行规范与标准，无疑将制约城市更新与建筑改造的发展。

以某大型商场为例，其裙房局部改造为机房，相应地裙房顶增设冷却塔，相关区域的梁承载力不足，需进行加固。如执行新的标准则需对整栋楼进行鉴定，可能会造成上千根构件需要进行加固，导致该改造项目无法实施。

（2）《建筑结构可靠性设计统一标准》GB 50068—2018 实施后，业界有不少学者从不同的角度对其变化带来的影响进行过分析，有的从结构配筋变化的角度进行分析，也有的从可靠性指标进行分析。表 4.2.2-1 所示是采用 Monte Carlo 随机模拟法计算的可靠性指标的变化，分析中未考虑结构重要性系数、活荷载调整带来的影响。

GB 50068—2001 与 GB 50068—2018 的对比 表 4.2.2-1

	S_L/S_D	0.1	0.25	0.5	1.0	2.0	平均值
β	GB 50068—2001	3.74	3.92	4.14	4.46	4.45	4.14
	GB 50068—2018	3.96	4.00	4.24	4.62	4.67	4.29
	$\Delta\beta$	0.22	0.08	0.10	0.16	0.12	0.15

注：表中 S_L 为活荷载效应，S_D 为恒荷载效应。

　　上表仅是对于常规跨度钢筋混凝土梁的抗弯可靠性的初步分析结果，分析样本的数量也是有限的，但已发现可靠性指标的变化与荷载效应的比值有关，指标提高最大接近于0.25，相当于现行国家标准《民用建筑可靠性鉴定标准》GB 50292中构件层次按承载力项目评定安全性等级时降低一个等级，由此可能造成对过多的构件进行加固。

　　（3）我们知道，随着通用技术类规范的实施，必然会对原来的国家标准、行业标准逐步进行整体或局部修订。

　　现行国家标准《民用建筑可靠性鉴定标准》GB 50292中对于构件按承载力评定等级时是根据$R/(\gamma_0 S)$来确定的，以主要构件为例具体指标和处理建议如表4.2.2-2所示。

构件按承载力评定等级　　　　　　　　　　　　　表4.2.2-2

构件类别	安全性等级			
	a_u级	b_u级	c_u级	d_u级
主要构件	$R/(\gamma_0 S) \geq 1.0$	$R/(\gamma_0 S) \geq 0.95$	$R/(\gamma_0 S) \geq 0.90$	$R/(\gamma_0 S) < 0.90$
处理要求	不必采取措施	仅需采取围护措施	应采取措施	必须立即采取措施

　　本《通规》GB 55021—2021仍然采用了以$R/(\gamma_0 S)$作为构件按承载力项目评定安全性等级的衡量指标（第4.2.3条），安全性等级同样分为a_u、b_u、c_u、d_u四个级别及处理方式（第4.1.1条），但没有给出等级评定的$R/(\gamma_0 S)$具体数值。

　　程绍革总的建议是：

　　① 在《民用建筑可靠性鉴定标准》GB 50292修订时，适当放宽$R/(\gamma_0 S)$的控制指标，这样既能适度提高可靠性，又不至于造成大量构件的加固。

　　② 也可从材料性能指标入手，鉴定时的材料强度取标准值，而不是设计值。

　　笔者个人观点及建议：

　　对于20世纪90年代以前的既有建筑加固改造，后续设计工作年限为30年时，均可按《建筑抗震鉴定标准》GB 50023—2009执行，即荷载分项系数可执行《建筑结构可靠性设计统一标准》GB 50068—2001。

　　对于依据2000—2016年版相关规范标准设计的既有建筑，当既不改变使用功能，又不延长后续设计工作年限时，可按《建筑结构可靠性设计统一标准》GB 50068—2001执行。

　　对于依据2000年版及以后各版相关规范标准设计的既有建筑，当改变使用功能或延长后续设计工作年限时，应按《建筑结构可靠性设计统一标准》GB 50068—2018执行。

　　【工程案例1】2022年5月，笔者受邀参加某既有厂房工程改造论证

　　工程概况：既有厂房建于1960年。主厂房为横向三跨钢筋混凝土排架结构，钢筋混凝土预应力拱形屋架，跨度18m；屋面板采用预制板。

　　主厂房南侧和北侧各有一跨砖砌体结构和边跨排架柱相连，砌体为嵌砌式，与排架柱有拉结筋相连接，砌体结构的屋盖形式为预制拱形大板。建筑东西总长150m，南北总宽72m。东西向有两道结构防震缝将主体结构分为三个结构单元（图4.2.2-1）。

　　改造后作为办公用房使用。

　　甲方及设计需要论证会解决的主要问题：

　　问题1：鉴定中的设计依据是否要按《既有建筑鉴定与加固通用规范》GB 55021—2021?

图 4.2.2-1 既有建筑部分现状图

问题 2：该建筑及厂房使用已经超过 60 年，考虑建造年代，后续使用年限 30 年是否需要调整？

问题 3：鉴定报告的模型计算原则是排架按二维模型，砌体部分按三维模型，探讨是否合理？

问题 4：鉴定报告中按上述分析方法，抗震承载力满足要求，实际结果显示部分构件实际配筋小于计算分析结果，结论是否要调整？

问题 5：根据鉴定报告，有天窗架的排架柱配筋超出原排架柱实际配筋的约 50%，无天窗架的排架柱配筋与原排架柱配筋相差不到 5%，探讨差异存在的合理性。

专家组成员审阅相关资料，经过质询和讨论，形成如下意见和建议：

（1）检测鉴定单位对结构耐久性作进一步检测，在检测鉴定报告中补充耐久性结论及建议。

（2）加固改造设计标准按《建筑抗震鉴定标准》GB 50023—2009（A 类建筑）执行，荷载分项系数分别按 1.2（恒）、1.4（活）、1.3（地震）选用。

（3）结构计算分析：排架按单榀和整体包络设计。整体计算分析，按结构缝分为三个结构单元，砖墙按刚度等效成混凝土墙代入计算（荷载等效），改善扭转效应。按等效剪力复核砖墙的抗震承载能力。

（4）建议排架在室内地坪下做双向拉梁。

【工程案例 2】2022 年 11 月 16 日笔者受邀参加的一个改造工程论证

原设计项目概况：项目为 1、2 号商业楼及地下车库。1、2 号商业楼地上 6 层，地下 3 层，框架—剪力墙结构，地上建筑面积 67710m²，地下建筑面积为 82500m²（图 4.2.2-2）。

图4.2.2-2 既有建筑总平面图

图纸设计日期：2013年12月；项目施工开始日期：2015年6月；项目竣工日期：2019年4月；建筑现状（2022年11月）：公区已装修，其余位置为毛坯房，至今未开业。

原设计标准：项目所在地北京，重点设防类，安全等级为一级，设防烈度为8度（0.20g），地震分组为第一组，Ⅲ类场地，特征周期$T_g=0.45s$。

本次改造：仅部分业态调整（如减少原超市面积，增加餐饮与商业面积等），不改变原有建筑功能，改造不涉及框架梁、柱、墙拆除问题。

甲方及设计院咨询问题：1. 是否需要对原结构进行安全性与抗震鉴定？

2. 本次加固改造执行的标准问题。

说明：原设计单位与改造设计单位不是同一个单位。

经过讨论，专家给出了如下建议及意见：

（1）本建筑由于图纸、竣工资料齐全，可以不进行整体安全性及抗震鉴定，仅改造部分进行安全性局部鉴定。

（2）基于原设计使用功能没有变化，在维持原有设计工作年限时，加固设计可采用原设计标准（笔者解读：即荷载分项系数按原标准）；但荷载取值均需要按现行规范（笔者解读：即改造区域按《通规》执行）。

（3）如果改造后部分构件需要加固，则加固构件需要按现行规范执行（笔者解读：就是对于需要加固的构件均需要满足现行规范，据说这是北京审图的要求，含地震工况），对于这点笔者认为不一定合理。

4.2.3 当构件的安全性按承载能力鉴定项目评定时，应按其抗力（R）与作用效应（S）乘以重要性系数（γ_0）之比（$R/\gamma_0 S$）对每一验算子项分别评级，并应取其中最低一级作为该鉴定项目等级。

（1）当房屋基础构件有下列现象时，应评定为危险点：

基础构件承载能力与其作用效应的比值不满足式（1）的要求：

$$\frac{R}{\gamma_0 S} \geq 0.90 \qquad (1)$$

式中 R——结构构件抗力；

S——结构构件作用效应；

γ_0——结构构件重要性系数。

（2）当混凝土结构构件、砌体结构构件、钢结构构件、木结构构件有下列现象时，应评定为危险点：

混凝土结构构件承载力与其作用效应的比值，主要构件不满足式（2）的要求，一般构件不满足式（3）的要求

$$\phi \frac{R}{\gamma_0 S} \geqslant 0.90 \tag{2}$$

$$\phi \frac{R}{\gamma_0 S} \geqslant 0.85 \tag{3}$$

式中 R——结构构件抗力；

S——结构构件作用效应；

ϕ——结构构件抗力与效应之比调整系数；

γ_0——结构构件重要性系数。

（3）结构构件承载力验算时应按现行设计规范的计算方法进行，计算时可不计入地震作用，且不同年代建造的房屋，其抗力与效应之比的调整系数 ϕ 应按表 4.2.3-1 取用。

结构构件抗力与效应之比调整系数（ϕ）　　　　　　　　表 4.2.3-1

构件类型 房屋类型	砌体构件	混凝土构件	木构件	钢构件
Ⅰ	1.15(1.10)	1.20(1.10)	1.15(1.10)	1.00
Ⅱ	1.05(1.00)	1.10(1.05)	1.05(1.00)	1.00
Ⅲ	1.00	1.00	1.00	1.00

注：1. 房屋类型按建造年代进行分类，Ⅰ类房屋指 1989 年以前建造的房屋，Ⅱ类房屋指 1989—2002 年间建造的房屋，Ⅲ类房屋指 2002 年以后建造的房屋。

2. 对楼面活荷载标准值在历次《建筑结构荷载规范》GB 50009 修订中未调高的试验室、阅览室、会议室、食堂、餐厅等民用建筑及工业建筑，采用括号内数值。

 延伸阅读与深度理解

1）结构构件承载能力验算分级标准，应根据可靠性分析原理和本规范的分级原则确定。

2）本条引自《工业建筑可靠性鉴定标准》GB 50144 和《民用建筑可靠性鉴定标准》GB 50292 构件安全性鉴定评级章节。

3）构件承载能力验算分级标准，是根据《建筑结构可靠性设计统一标准》GB 50068 的可靠性分析原理和本标准统一制定的分级原则确定的，其优点是能与《建筑结构可靠性设计统一标准》GB 50068 规定的两种质量界限挂钩，并与设计采用的目标可靠指标接轨。

【工程案例1】 2022 年 9 月，笔者单位承接的北京某既有建筑工程。

1）工程概况

北京市东城区某产业园装修改造项目。该项目 2 号楼主体结构始建于 20 世纪 90 年

代，为地下 1 层、地上 4 层混凝土框架结构，建筑面积为 3355.28m² （图 4.2.3-1）。

为了解该项目 2 号楼的主体结构现状，确保其主体结构正常安全使用，北京某运营管理有限公司委托某建设工程检测鉴定中心对该项目 2 号楼主体结构现状进行房屋安全检测。

图 4.2.3-1　项目 2 号楼现状立面图

2）安全性评级

（1）单个构件评级

混凝土结构构件的安全性评级应按承载能力、构造和连接、变形与损伤三个项目进行评定，并取其中较低一级作为该构件的安全性等级；根据现行《房屋结构综合安全性鉴定标准》DB 11/637 及现场检测结果，该项目 2 号楼构件安全性等级如表 4.2.3-2 所示。

结构构件安全性鉴定评级　　　　　　　　　　　　　　　　　表 4.2.3-2

鉴定位置	检查项目（主要构件和一般构件）				综合评定
	构件类别	承载能力	构造	变形与损伤	
上部承重结构构件	框架梁、框架柱	d_u	a_u	a_u	d_u
	楼板	c_u	a_u	a_u	c_u
地基基础	a_u				a_u

（2）子单元的安全性评级

依据现行《房屋结构综合安全性鉴定标准》DB 11/637 的相关规定，评定该项目 2 号楼地基基础、上部承重结构的安全性等级。详见表 4.2.3-3、表 4.2.3-4。

地基基础安全性评级　　　　　　　　　　　　　　　　　表 4.2.3-3

部位	评定项目	现场检测结果	评级	综合评级
地基基础	按变形或上部结构反应评级	该楼地上墙体无沉降裂缝、变形或位移	B_u	按第 5.3 条的原则，评定该楼地基基础的安全性等级为 B_u 级
	按承载力评级	基本符合现行设计规范要求	B_u	
	按稳定性评级	建筑场地地基稳定，无滑动迹象及滑动史	A_u	

上部承重结构安全性评级　　　　　　　　表 4.2.3-4

评定项目			构件评级汇总	评定等级	上部承重结构安全性等级
构件的安全性等级	主要构件	框架柱、框架梁	c_u 级构件、d_u 级构件含量符合 D_u 级规定	D_u	D_u
	一般构件	楼板	c_u 级构件、d_u 级构件含量符合 C_u 级规定	C_u	
按结构布置、支撑、结构间联系评定结构整体性等级			结构布置、支撑、构造满足规范要求	A_u	

（3）房屋安全性评级

根据子单元安全性评级结果，依据现行《房屋结构综合安全性鉴定标准》DB11/637 的相关规定，评定该项目 2 号楼的安全性等级为 D_{su}。详见表 4.2.3-5。

房屋整体安全评级　　　　　　　　表 4.2.3-5

子单元	鉴定评级	房屋评级
地基基础	B_u	D_{su}
上部承重结构	D_u	

3）建议

对该项目 2 号楼不满足规范要求构件进行加固处理或拆除重建。

笔者解释：其实本工程的混凝土强度、钢筋强度、保护层厚度、构造措施均满足规范及设计要求，整体评级为 D_{su}，主要是较多（50％以上）框架梁配筋不满足承载力要求所致。

【工程案例 2】2022 年 9 月，笔者单位承接的北京煤厂街 31 号院（原招待所）既有建筑鉴定。

工程概况：煤厂街 31 号院为 1994 年建造的地下 1 层、地上为砖混结构，地下一层层高约为 3.50m，地上一层至二层层高约为 3.30m，房屋最高处为 10.60m。该建筑于 2004 年进行装修改造，东侧面加三层钢结构楼梯；南侧面采用热轧 H 型钢 200mm×300mm×12mm×10mm 加钢结构封闭阳台，建筑面积约为 1787.72m²，抗震设防烈度 8 度（图 4.2.3-2）。

图 4.2.3-2　煤厂街 31 号院现状立面图

现场检查检测情况及主要损坏：

1）现场检查结果：

（1）墙体未产生裂缝和其他明显损坏。

（2）楼板未产生裂缝和其他明显损坏。

（3）未发现地基不均匀沉降和基础下沉。

（4）上部结构未发现明显的倾斜和局部变形、位移。

（5）对建筑物外进行宏观检查，未发现地基沉降及基础下沉产生的裂缝，围护墙体未发现开裂及明显变形。

（6）外挂钢结构楼梯存在锈蚀，外墙存在瓷砖脱落等情况。

2）现场检测结果：

（1）黏土砖抗压强度检测：地下一层墙体满足设计图纸要求的强度等级 MU10；地上一层至地上二层外墙满足设计图纸要求的强度等级 MU10；地上一层至地上二层内墙满足设计图纸要求的强度等级 MU7。

（2）砌筑砂浆抗压强度检测：地下一层墙体砂浆强度推定值为 6.7MPa，不满足设计图纸要求的强度等级 M10；地上一层至地上二层外墙砂浆强度推定值为 6.9MPa，内墙砂浆强度推定值为 6.8MPa，均不满足设计图纸要求的强度等级 M7.5。

（3）混凝土抗压强度检测：混凝土梁满足设计图纸要求的强度等级 C20。

鉴定结论：

（1）房屋结构安全性等级评定：根据现场检查、检测结果和所作分析，该房屋地基基础安全性等级评定为 A_u 级，上部承重结构安全性等级评定为 B_u 级，依据《房屋结构综合安全性鉴定标准》DB11/637—2015 第 11.0.1 条的规定，评定煤厂街 31 号院的房屋结构安全性等级为 B_{su} 级。

（2）房屋建筑抗震等级评定：

煤厂街 31 号院地基基础（子单元）抗震能力评定为 A_e 级，上部结构（子单元）抗震能力评定为 C_e 级，依据《房屋结构综合安全性鉴定标准》DB11/637—2015 第 11.0.2 条的规定，评定该楼房屋（鉴定单元）建筑抗震能力为 C_{se} 级。

（3）房屋结构综合安全性鉴定结论：煤厂街 31 号院房屋结构的安全性等级评定为 B_{su} 级，房屋抗震能力等级评定为 C_{se} 级，依据《房屋结构综合安全性鉴定标准》DB11/637—2015 第 11.0.3 条，煤厂街 31 号院房屋结构综合安全性等级评定为 C_{su} 级。

处理建议：

（1）应对房屋的各种损坏部位进行维修加固。

（2）应对房屋结构局部不满足抗震鉴定要求的构件和局部构造采取加固或其他相应处理措施。

笔者发现，鉴定单位认为以下两项抗震构造措施不满足要求：①纵横墙的布置宜均匀对称，沿平面内宜对齐，沿竖向应上下连续；同一轴线上的窗间墙宽度宜均匀。②承重外墙尽端至门窗洞边的最小距离大于1.5m。

笔者认为：鉴定单位给出楼层综合抗震承载力等级评定为 A_e 级，并因为上述两项抗震构造措施不满足规范要求，就给出"这个房屋结构综合安全性鉴定结论为 C_{su} 级"不尽合理。

基于此笔者建议公司发函给建设单位，请检测、鉴定单位重新复核确定。

4.2.4 当构件的安全性按构造与连接鉴定项目评定时，应按构件构造、构件节点与连接、预埋件或后锚固件等子项分别评定等级，并应取其中最低一级作为该鉴定项目等级。

 延伸阅读与深度理解

1）大量的工程鉴定经验表明，即使结构构件的承载能力验算结果符合标准对安全性的要求，但若构造和连接不当，其所造成的问题仍然可导致构件或其连接的工作恶化，以致最终危及结构承载的安全。因此，有必要设置此鉴定项目，对结构构造的安全性进行检查与评定。

2）本条第1款引自《工业建筑可靠性鉴定标准》GB 50144—2008 第 6.2.2 条，第 2 款引自《民用建筑可靠性鉴定标准》GB 50292—2015 第 5.3.2 条，第 3 款引自《民用建筑可靠性鉴定标准》GB 50292—2015 第 5.4.5 条，第 4 款由《民用建筑可靠性鉴定标准》GB 50292—2015 第 5.5.6 条整合而来。

4.2.5 当构件的安全性按不适于继续承载的变形鉴定项目评定时，应综合分析构件类别、构件重要性、材料类型，对挠度、侧向弯曲的矢高、平面外位移、平面内位移等子项分别评级，并应取其中最低一级作为该鉴定项目等级。

 延伸阅读与深度理解

1）从现场检测得到的结构构件的位移值（或变形值）可知，其大小受到多方面因素的影响。在已建成建筑物中，这些影响不仅复杂，而且很难用已知的方法加以分离。因此，一般需以总位移的检测值为依据来评估该构件的承载状态。

2）本条由《工业建筑可靠性鉴定标准》GB 50144 和《民用建筑可靠性鉴定标准》GB 50292 构件安全性鉴定评级章节整合而来。

3）大量的工程鉴定经验表明，即使结构构件的承载能力验算结果符合标准对安全性的要求，但若构造不当，其所造成的问题仍然可导致构件或其连接的工作恶化，以致最终危及结构承载的安全。因此，有必要设置此重要的检查项目对结构构造的安全性进行检查与评定。

4）对于地基基础构件，当出现下列迹象之一时，应评定为危险点：

（1）因基础老化、腐蚀、酥碎、折断导致上部结构出现明显倾斜、位移、裂缝、扭曲等，或基础与上部结构承重构件连接处产生水平、竖向或阶梯形裂缝，且最大裂缝宽度大于 10mm。

（2）基础已有滑动，水平位移速度连续两个月大于 2mm/月，且在短期内无收敛趋势。

5）对于砌体结构构件，当出现下列迹象之一时，应评定为危险点：

（1）承重墙或柱因受压产生缝宽大于 1.0mm、缝长超过层高 1/2 的竖向裂缝，或产生缝长超过层高 1/3 的多条竖向裂缝。

（2）承重墙或柱表面风化、剥落、砂浆粉化等，有效截面削弱达 15% 以上。

（3）支承梁或屋架端部的墙体或柱截面因局部受压产生多条竖向裂缝，或裂缝宽度已超过 1.0mm。

（4）墙或柱因偏心受压产生水平裂缝。

（5）单片墙或柱产生相对于房屋整体的局部倾斜变形大于 7%，或相邻构件连接处断裂成通缝。

（6）墙或柱出现因刚度不足引起挠曲等侧弯变形现象，侧弯变形矢高大于 $h/150$（h 为墙或柱高度），或在挠曲部位出现水平或交叉裂缝。

（7）砖过梁中部产生明显竖向裂缝或端部产生明显斜裂缝，或产生明显的弯曲、下挠变形，或支承过梁的墙体产生受力裂缝。

（8）砖筒拱、扁壳、波形筒拱的拱顶沿母线产生裂缝，或拱曲面明显变形，或拱脚明显位移，或拱体拉杆锈蚀严重，或拉杆体系失效。

（9）墙体高厚比超过现行国家标准《砌体结构通用规范》GB 55007 允许高厚比的 1.2 倍。

6）对于混凝土结构构件，当出现下列迹象之一时，应评定为危险点：

（1）梁、板产生超过 $l_0/150$ 的挠度，且受拉区的裂缝宽度大于 1.0mm；或梁、受力主筋处产生横向水平裂缝或斜裂缝，缝宽大于 0.5mm，板产生宽度大于 1.0m 的受拉裂缝。

（2）简支梁、连续梁跨中或中间支座受拉区产生竖向裂缝，其一侧向上或向下延伸达梁高的 2/3 以上，且缝宽大于 1.0mm，或在支座附近出现剪切斜裂缝。

（3）梁、板主筋的钢筋截面锈损率超过 15%，或混凝土保护层因钢筋锈蚀而严重脱落露筋。

（4）预应力梁、板产生竖向通长裂缝，或端部混凝土松散露筋，或预制板底部出现横向断裂缝或明显下挠变形。

（5）现浇板面周边产生裂缝，或板底产生交叉裂缝。

（6）压弯构件保护层剥落，主筋多处外露锈蚀；端节点连接松动，且伴有明显的裂缝柱因受压产生竖向裂缝，保护层剥落，主筋外露锈蚀；或一侧产生水平裂缝的缝宽大于 1.0mm，另一侧混凝土被压碎，主筋外露锈蚀。

（7）柱或墙产生相对于房屋整体的倾斜、位移，其倾斜率超过 10‰，或其侧向位移量大于 $h/300$。

（8）构件混凝土有效截面削弱达 15% 以上，或受力主筋截断超过 10%；柱、墙因主锈蚀已导致混凝土保护层严重脱落，或受压区混凝土出现压碎迹象。

（9）钢筋混凝土墙中部产生斜裂缝。

（10）屋架产生大于 $l_0/200$ 的挠度，且下弦产生横断裂缝，缝宽大于 1.0mm。

（11）屋架的支撑系统失效导致倾斜，其倾斜率大于 20‰。

（12）梁、板有效搁置长度小于现行国家相关标准规定值的 70%。

（13）悬挑构件受拉区的裂缝宽度大于 0.5mm。

7）对于钢结构构件，当出现下列迹象之一时，应评定为危险点：

（1）构件或连接件有裂缝或锐角切口；焊缝、螺栓或铆接有拉开、变形、滑移、松动、剪坏等严重损坏。

（2）连接方式不当，构造有严重缺陷。

（3）受力构件因锈蚀导致截面锈损量大于原截面的 10%。

（4）梁、板等构件挠度大于 $l_0/250$，或大于 45mm。

（5）实腹梁侧弯矢高大于 $l_0/600$，且有发展迹象。

（6）受压构件的长细比大于现行国家标准《钢结构通用规范》GB 55006 中规定值的 1.2 倍。

（7）钢柱顶位移，平面内大于 $h/150$，平面外大于 $h/500$；或大于 40mm。

（8）屋架产生大于 $l_0/250$ 或大于 40mm 的挠度；屋架支撑系统松动失稳，导致屋架倾斜，倾斜量超过 $h/150$。

8）对于木结构构件，当出现下列迹象之一时，应评定为危险点：

（1）连接方式不当，构造有严重缺陷，已导致节点松动变形、滑移、沿剪切面开裂、剪坏或铁件严重锈蚀、松动致使连接失效等损坏。

（2）主梁产生大于 $l_0/150$ 的挠度，或受拉区伴有较严重的材质缺陷。

（3）屋架产生大于 $l_0/120$ 的挠度，或平面外倾斜量超过屋架高度的 1/120，或顶部、端部节点产生腐朽或劈裂。

（4）檩条、格栅产生大于 $l_0/100$ 的挠度，或入墙木质部位腐朽、虫蛀。

（5）木柱侧弯变形，其矢高大于 $h/150$，或柱顶劈裂、柱身断裂、柱脚腐朽等受损面积大于原截面 20% 以上。

（6）对受拉、受弯、偏心受压和轴心受压构件，其斜纹理或斜裂缝的斜率 ρ 分别大于 7%、10%、15% 和 20%。

（7）存在腐蚀缺陷的木质构件。

（8）受压或受弯木构件干缩裂缝深度超过构件直径的 1/2，且裂缝长度超过构件长度的 2/3。

4.2.6 当混凝土结构构件按不适于继续承载的损伤鉴定项目评定时，应综合分析具体环境、构件种类、构件重要性、材料类型，对弯曲裂缝、剪切裂缝、受拉裂缝和受压裂缝、温度或收缩等作用引起的非受力裂缝、腐蚀损伤等子项分别评级，并应取其中最低一级作为该鉴定项目等级。

延伸阅读与深度理解

1）裂缝、腐蚀损伤等是混凝土结构不适于继续承载的重要表现，国外不同标准所划界限值与裂缝及损伤的内涵和风险决策上所掌握的尺度密切相关。

2）其实这个规定主要是从耐久性方面考虑。

3）裂缝方面：

（1）室内正常环境下，钢筋混凝土主要构件和一般构件的受力裂缝宽度分别大于0.5和0.7mm；预应力混凝土主要构件和一般构件的受力裂缝宽度分别大于0.2和0.3mm。

（2）高湿度环境下，钢筋混凝土构件和预应力构件的受力裂缝宽度分别大于0.4和0.1mm。

（3）任何环境下，各类构件出现剪切裂缝或受压裂缝。

（4）任何环境下，各类构件出现温度、收缩引起的非受力裂缝，其宽度已超过本款第（1）条。

4）腐蚀损伤方面：

（1）主筋锈蚀或腐蚀，导致混凝土产生沿主筋方向开裂、保护层脱落或掉角。

（2）混凝土表层有严重的化学介质腐蚀损伤。

4.2.7 当钢结构构件按不适于继续承载的损伤鉴定项目评定时，应对裂纹或断裂、钢部件残损、钢结构锈蚀或腐蚀损伤等子项分别评级，并应取其中最低一级作为该鉴定项目等级。

 延伸阅读与深度理解

1）本条属于影响钢结构构件安全性的项目，其存在将影响或严重影响结构构件的安全及正常工作，也从损伤角度避免了钢结构构件可能出现的失稳、过度应力集中、次应力、残损、锈蚀等造成的破坏。

2）裂纹或断裂方面：

（1）钢构件受力节点板、连接板、铸件、锚具、锚塞空心球壳、螺栓球、焊缝等出现裂纹。

（2）钢构件发生脆性断裂；钢索发生超过总根数5%的断丝；钢支座节点的锚栓发生断裂。

3）钢部件残损方面：

（1）摩擦型高强度螺栓连接的摩擦面发生翘曲。

（2）索节点发生滑移；螺栓球节点的螺栓出现脱丝或筒松动；橡胶支座相对梁、柱顶面发生滑移，或橡胶板发生挤压变形。

4）钢结构锈蚀、腐蚀损伤子项：

（1）钢构件防护涂层已大面积破损。

（2）钢构件截面锈蚀的平均深度大于$0.1t$（t为原截面厚度）。

当构件的锈蚀已达一定深度，则其所造成的问题将不仅仅是单纯的截面削弱，还会引起钢材更深处的晶间断裂或穿透，这相当于增加了应力集中的作用，显然要比单层的截面减少更为严重。

另外，由于实际锈蚀的不均匀性，受锈蚀构件可能产生受力偏心，而显著影响其承载力。因此，锈蚀为钢结构构件安全性鉴定的一个重要方面。

4.2.8 当砌体结构构件按不适于继续承载的损伤鉴定项目评定时，应对裂缝、残损等子项分别评级，并应取其中最低一级作为该鉴定项目等级。

 延伸阅读与深度理解

1）考虑到砌体结构的特性，当承重能力严重不足时，相应部位便会出现相应的受力裂缝。这种裂缝即使很小，也具有同样的危害性。

2）对于较大的非受力裂缝或残损，由于其存在破坏了砌体结构的整体性，恶化了其承载条件，终将因裂缝宽度或残损面积过大而危及结构构件承载的安全。

3）裂缝方面：

（1）桁架、主梁支座下的墙、柱端部或中部出现贯穿块材（砖、砌块）的多条竖向裂缝。

（2）承重外墙变截面处出现水平裂缝或斜裂缝。

（3）承重墙的墙身开裂严重，最大裂缝宽度已大于5mm；或出现X形震害裂缝。

（4）纵横墙连接处出现通长的竖向裂缝或裂隙。

（5）独立柱的柱身出现宽度大于1.5mm的裂缝，或有断裂、错位现象。

（6）筒拱、拱、壳的拱面、壳面出现沿拱顶母线或对角线的裂缝。

4）残损方面：

承重墙、柱表面风化、剥落、砂浆粉化严重，有效截面削弱达15％以上。

4.2.9 当木结构构件按不适于继续承载的损伤鉴定项目评定时，应对裂缝、生物损害等子项分别评级，并应取其中最低一级作为该鉴定项目等级。

 延伸阅读与深度理解

1）随着木纹倾斜角度的增大，木材的强度将很快下降，如果伴有裂缝，则强度将更低。因此，在木结构构件的安全性鉴定中应考虑斜纹及斜裂缝对其承载能力的严重影响。

2）在恶劣的环境中使用存在隐患的材料，发生严重的腐朽或虫蛀，是必然的。

3）裂缝方面：

（1）木构件受剪面或其上下各50mm范围内出现沿剪面方向开展的裂缝或劈裂。

（2）木构件存在下列程度斜纹理或已出现斜裂：

对受拉构件，$\Delta > 10\%$（Δ 为斜率）；

对受弯和偏压构件，$\Delta > 15\%$；

对受压构件，$\Delta > 20\%$。

4）生物损害方面：

（1）木构件表层腐朽，其腐朽面积已大于原截面面积的10％；或有心腐；或发现有新鲜蛀孔。

（2）虽未发现木构件腐朽，但存在下列腐朽、虫蛀的隐患：

① 木构件或其端部被封入潮湿的墙内；

② 木构件为未经防腐、防虫处理的规格材；

③ 木构件为易腐朽、虫蛀的树种木材制成。

4.3　子系统层次安全性鉴定

4.3.1　既有建筑第二层次子系统的安全性鉴定评级，应按场地与地基基础和主体结构划分为两个子系统分别进行评定。当仅要求对其中一个子系统进行鉴定时，该子系统与另一个子系统的交叉部位也应进行检查；当发现问题时应进行分析，提出处理建议。

 延伸阅读与深度理解

1）本条规定了建筑物子系统的划分，该划分方案，概念清晰，可操作性强，便于问题的处理。

2）以主体结构作为一个子系统，较为符合长期以来结构设计所形成的概念，也与目前常见的各种结构分析程序相一致，较便于鉴定的操作。

3）地基基础的专业性很强，其设计、施工已自成体系，只要处理好它与主体结构间相关、衔接部位的问题，便可完全作为一个子系统进行鉴定。

4）本条由《工业建筑可靠性鉴定标准》GB 50144—2008 第 7.1.1 条，《民用建筑可靠性鉴定标准》GB 50292—2015 第 7.1.1 条整合而来。

4.3.2　既有建筑所在的场地类别应经调查核实，并应按核实的结果进行鉴定。

 延伸阅读与深度理解

1）场地类别的判断，直接影响了既有建筑主体结构和地基基础的安全性鉴定。

2）场地类别是场地条件的表征，也是确定结构特征周期的重要参数，必须进行调查核实。

3）关于场地类别提醒注意：场地类别，应根据场地土类型和覆盖层厚度划分为四类。

（1）1989 年版以前《建筑抗震设计规范》中既有建筑没有场地类别问题，所以对于这里的既有建筑只能进行补测；

（2）1989 年版《建筑抗震设计规范》中覆盖层厚度：一般取覆盖层厚度和 15m 的较小值。

（3）2001 年版及以后《建筑抗震设计规范》中覆盖层厚度：一般取覆盖层厚度和 20m 的较小值。

【工程案例】我司 2020 年承担的北京某既有工程改造项目。

工程概况：本工程原为停车场综合楼，位于朝阳区，由北京市×××房产开发公司开发，北京市×××建筑设计院于 1994 年进行设计。

现浇钢筋混凝土框架—剪力墙结构，Ⅰ段地下 2 层，地上 20 层，包括一个设备层及屋顶装饰架，总高度 62.65m；Ⅱ段地下 2 层，地上 16 层，包括一个设备夹层及屋顶钢结构，总高度 47.55m。

该工程 1995 年施工将主体结构完成后，未进行装修。于 1997 年停建，2002 年 5 月份受北京市×××房屋经营公司委托，由北京市×××建筑设计院对该工程进行改建，应甲方要求将Ⅰ段屋顶设备层层高 2.27m 板墙拆除，改为一个标准层，并再加建一个标准层，层高均为 3m，以上 2 层改造后，Ⅰ段建筑总高度 66.35m；将Ⅱ段屋顶设备层层高 2.27m 改为一个标准层，将Ⅱ段屋顶钢结构层拆除，改为一个标准层，层高均为 3m，以上 2 层改造后，Ⅱ段建筑总高 51.35m。

改造设计原则：对原结构整体（按 1989 年版《建筑抗震设计规范》）进行核算，设计基准期为 50 年，对新加层部分的抗震构造措施，按现行规范（2001 年版《建筑抗震设计规范》）要求进行设计。

作者认为：原工程设计是 1994 年，2002 年改建，设计基准期 50 年，整体按 1989 年版《建筑抗震设计规范》复核不尽合理，新加顶部 2 层又按 2001 年版《建筑抗震设计规范》进行设计，显得更加不合理。作者认为均应按 2001 年版《建筑抗震设计规范》进行设计。

说明：1994 年设计时，地勘报告提供的场地类别为Ⅱ类，但 2002 年改造时是按照Ⅲ类设计的（2020 年甲方委托我们再次改造时，我们请甲方找设计院依据的地勘报告没有找到）。

2020 年甲方又委托北京××××建筑设计有限责任公司进行改造设计，本次改造主要是功能布局调整及首层入口局部挑空，二层局部转换及屋顶增设泳池等。本次改造仅涉及Ⅰ段。

本次改造设计院经过与甲方协商确定为后续使用年限 40 年。甲方仅提供了原（1994 年）工程地勘报告，但没有找到 2002 年改造时设计院提到的地勘报告。甲方希望本次改造场地按Ⅱ类（即按 1994 年的地勘）进行设计，笔者不同意，笔者的理由是：

（1）2002 年改造已经按Ⅲ类考虑（尽管没有找到依据，但设计图明确是场地类别为Ⅲ类）。

（2）作者结合 1994 年的地勘报告提供的剪切波速及覆盖层厚度，依据现行国家标准《建筑抗震设计规范》GB 50011 查得场地类别介于Ⅱ～Ⅲ之间。

（3）也可以请地勘单位重新做或由地勘单位出具证明可按Ⅱ类，地勘均不同意给出证明；为此作者建议这个问题在项目专家论证会上由专家确定。

（本人是专家组成员之一，邀请了业界知名专家五位，包括岩土、地基、结构、审图方面）

经过专家论证给出如下结论：本项目对应的 1994 年地勘报告显示本项目为Ⅱ类场地土，但 2002 年改造版图纸中记载为Ⅲ类场地土。对于此问题经过专家仔细对原地勘报告相关资料进行分析，认为本场地类别应介于Ⅱ～Ⅲ类之间，考虑到 2002 年加层改造已经调整为Ⅲ类，专家组认为本次按Ⅲ类考虑合理。

4.3.3 对建造在斜坡场地上的既有建筑进行鉴定时，应依据其历史资料和实地勘察结果进行稳定性评级。

延伸阅读与深度理解

1）本条部分引自《民用建筑可靠性鉴定标准》GB 50292—2015 第 7.2.2 条。

2）对斜坡场地稳定性问题的评定，除应执行本规范的评级规定外，尚可参照现行国家标准《建筑与市政地基基础通用规范》GB 55003 的有关规定进行鉴定，以期得到更全面的考虑。

4.3.4　既有建筑的地基基础安全性鉴定，应首选依据地基变形和主体结构反应的观测结果进行鉴定评级的方法，并应符合下列规定：

1　当地基变形和主体结构反应观测资料不足或怀疑结构存在的问题由地基基础承载力不足所致时，应按地基基础承载力的勘察和检测资料进行鉴定评级。

2　对有大面积地面荷载或软弱地基上的既有建筑，尚应评价地面荷载、相邻建筑以及循环工作荷载引起的附加沉降或桩基侧移对建筑物安全使用的影响。

 延伸阅读与深度理解

1）在既有建筑物的地基基础安全性鉴定中，虽然一般多认为采用按地基变形鉴定的方法较为可行，但在有些情况下，它并不能取代按地基承载力鉴定的方法。

2）多年来国内外的研究与实践也表明，若能根据建筑物的实际条件及地基土的种类，合理地选用或平行地使用原位测试方法、原状土室内物理力学性质试验方法和近位勘探方法等进行地基承载力检验，并对检验结果进行综合评价，同样可以使地基安全性鉴定取得可信的结论。

3）本条部分内容引自《民用建筑可靠性鉴定标准》GB 50292—2015 第 7.2.2 条。

4.3.5　当地基基础的安全性按地基变形观测结果和建筑物现状的检测结果鉴定时，应结合沉降量、沉降差、沉降速率、沉降裂缝（变形或位移）、使用状况、发展趋势等进行综合分析并评定等级。

 延伸阅读与深度理解

1）当地基发生较大的沉降和差异沉降时，其主体结构必然会有明显的反应，如建筑物下陷、开裂和侧倾、机械设备的运行问题等。通过对这些宏观现象的检查、实测和分析，可以判断地基的承载状态，并据以作出安全性评估。

2）地基变形小于现行《建筑地基基础设计规范》GB 50007 规定的允许值；建筑物使用状况良好；无沉降裂缝、变形或位移；起重机等机械设备运行正常，可以定为 A_u 级。

3）地基变形不大于现行《建筑地基基础设计规范》GB 50007 规定的允许值；沉降速率小于 0.05mm/d；半年内的沉降量小于 5mm；建筑物有轻微沉降裂缝出现但无进一步

发展趋势；沉降对起重机等机械设备的正常运行尚无显著的影响，可定为 B_u 级。

4）地基变形大于现行《建筑地基基础设计规范》GB 50007 规定的允许值；沉降速率大于 0.05mm/d；建、构筑物的沉降裂缝有进一步发展趋势；沉降已影响到起重机等机械设备的正常运行，但尚有调整余地，可定为 C_u 级。

5）地基变形大于现行《建筑地基基础设计规范》GB 50007 规定的允许值；沉降速率远大于 0.05mm/d；建筑物的沉降裂缝发展显著；沉降已使起重机等机械设备不能正常运行，应定为 D_u 级。

6）需要指出的是，已建成建筑物的地基变形与其建成后所经历的时间长短有着密切关系，对砂土地基，可认为在建筑物完工后，其最终沉降量便已基本完成；对低压缩性黏土地基，在建筑物完工时，其最终沉降量才完成不到 50%；至于高压缩性黏土或其他特殊性土，其所需的沉降持续时间则更长。为此，本条指出：本评定标准仅适用于建成已 2 年以上建筑物的地基。若为新建房屋或建造在高压缩性黏性土地基上的建筑物，则尚应根据当地经验，进一步考虑时间因素对检查和观测结论的影响。

【工程案例】2020 年我司承担的某改造项目的检测。

1）工程概况

某综合楼位于北京市东城区。该工程分为Ⅰ段和Ⅱ段两部分，结构类型均为现浇钢筋混凝土框架—剪力墙结构，Ⅰ段地下 2 层，地上原为 20 层，1995 年建设完成，2002 年加建为 21 层，建筑总高 66.35m。Ⅱ段地下 2 层，地上 16 层（含设备层和屋顶钢结构层），1995 年建设完成，2002 年改建设备层和钢结构层为标准层，建筑总高 51.35m。

该建筑始建于 1995 年，2002 年第一次加层改造，根据甲方提供的改造图纸，本工程场地类别为Ⅲ类，基础类型为梁板式筏板基础，地基承载力标准值要求不低于 180kPa，基底标高－8.4m 左右。该建筑设防烈度为 8 度（0.20g），抗震设防类别为丙类，设计地震分组为第一组，结构安全等级为二级，设计使用年限为 50 年。

2）地基基础部分检测

经现场检查，未发现该楼周边散水及地面存在开裂下沉，未发现该建筑存在由于基础不均匀沉降而引起的上部墙体构件倾斜、开裂等危及结构安全的现象，地基基础整体性较好。

3）鉴定单元

房屋鉴定单元结构安全性鉴定评级结果表明：该建筑鉴定单元结构安全性鉴定评级为 A_{su} 级，符合国家现行标准规范的安全性要求，不影响整体安全性能。

4.3.6 当地基基础的安全性需要按承载力项目鉴定时，应根据地基和基础的检测、验算及近位勘察结果，结合现行规范规定的地基基础承载力要求和建筑物损伤状况进行综合分析并评定等级。

 延伸阅读与深度理解

1）本条部分引自《民用建筑可靠性鉴定标准》GB 50292—2015 第 7.2.4 条。

2）尽管在不少民用建筑中没有保存或仅保存很不完整的工程地质勘察资料，且在现场很难进行地基荷载试验，但征求意见表明，多数鉴定人员仍期望本标准作出根据地基承载力进行安全性鉴定的规定。为此，多年来国内外在近位勘探、原位测试和原状土室内试验等方面做了不少的工作，并在实际工程中积累了很多综合使用这些方法的经验，显著地提高了对地基承载力进行评价的可信性与可靠性。

3）执行本条规定时应注意以下三点：

（1）在不是十分必要的情况下，不可轻易开挖有残损的建筑物基槽，以防主体结构进一步恶化；

（2）根据各项检测结果，对地基承载力进行综合评价时，宜按稳健估计原则取值；

（3）若地基安全性已按《通规》GB 55021—2021第4.3.5条作过评定，便不宜再按本条进行重复评定。

4）地基土静承载力长期压密提高系数 ζ_c 和什么有关？什么情况下才会大于1？

我们知道地基土在长期荷载作用下，物理力学特性得到改善。主要原因有：

（1）土在建筑荷载作用下的固结压密；

（2）机械设备的振动加密；

（3）基础与土的接触处发生某种物理化学作用。

大量工程实践和专门试验表明，已有建筑的压密作用，使地基土的孔隙比和含水量减小，可使地基承载力提高；当原设计基底承载力没有用足时，其压密作用相应反而减少，故地基土静承载力长期压密提高系数 ζ_c 值下降。地基土静承载力长期压密提高系数与建筑的使用年限、岩土类别、基础底面实际平均压应力与地基土静承载力特征值的比值等有关（表4.3.6）；只有在建筑使用了一定时期以后，并且符合表中所述岩土类别，同时基础底面实际平均压应力与地基土静承载力特征值的比值不小于0.4的地基土其静承载力长期压密提高系数会大于1，而不是所有建筑使用若干年后地基土静承载力长期压密提高系数均大于1。特别注意：岩石和碎石类土的压密作用及物理化学作用不显著；硬黏土的资料不多；软土、液化土和新近沉积黏性土又有液化或震陷问题，承载力不宜提高，故均取1（即不考虑提高）。

地基土承载力长期压密提高系数 ζ_c 　　　　表4.3.6

年限与岩土类别	p_0/f_s			
	1.0	0.8	0.4	<0.4
2年以上的砾、粗、中、细、粉砂				
5年以上的粉土和粉质黏土	1.2	1.1	1.05	1.0
8年以上地基土承载力标准值大于100kPa的黏土				

注：1. p_0 指基础底面实际平均压应力（kPa）。

2. f_s 指地基土静承载力特征值（kPa），其值可按现行国家标准《建筑地基基础设计规范》GB 50007采用。

3. 使用期不够或岩石、碎石、其他软弱土，提高系数值可取1。

5）问题讨论及建议1：乙类建筑地基基础鉴定时是否也同样需按提高一度的要求进行？

抗震设防分类为"乙类"建筑的地基基础鉴定，同其他建筑一样需要根据烈度、场地类别、建筑现状和基础类型，进行液化、震陷及抗震承载力的两级鉴定。地基基础的第一级鉴定包括：饱和砂土、饱和粉土的液化初判，软土震陷初判及可不进行桩基验算的规定。地基基础的第二级鉴定包括：饱和砂土、饱和粉土的液化再判，软土和高层建筑的天然地基、桩基承载力验算及不利地段上抗滑移验算的规定。

以上鉴定中与烈度直接相关的就是土质液化的判别，与现行《建筑抗震设计规范》GB 50011 的规定相同，乙类建筑可按本地区抗震设防烈度的要求进行土质的液化判别和处理，即不是必须按照提高一度的要求进行鉴定。

6) 问题讨论及建议 2：当地基竖向承载力不满足要求时，应如何处理？水平承载力不满足要求时，又应如何处理？

（1）当地基竖向承载力不满足要求时，建议可作下列处理：

① 当基础底面压力设计值超过地基承载力特征值在 10% 以内时，可采取提高上部结构抵抗不均匀沉降能力的措施。

② 当基础底面压力设计值超过地基承载力特征值 10% 及以上或建筑已出现不容许的沉降和裂缝时，可采取放大基础底面积、加固地基或减少荷载的措施。

（2）当地基或桩基的水平承载力不满足要求时，建议可作下列处理：

① 当基础顶面、侧面无刚性地坪时，可增设刚性地坪。

② 沿基础顶部增设基础梁，将水平荷载分散到相邻的基础上。

但需要说明的是：考虑到地基基础的加固难度较大，而且其损坏往往不能直接看到，只能通过观察上部结构的损坏并加以分析才能发现。因此，可以首先考虑通过加强上部结构的刚度和整体性，以弥补地基基础承载力的某些不足和缺陷。现行《建筑抗震加固技术规程》JGJ 116 根据工程实践，将是否超过地基承载力特征值 10% 作为不同的地基处理方法的分界，尽可能减少现有地基的加固工作量。

应用时需注意，对于天然地基基础，其承载力指计入地基长期压密效应后的承载力。当加固使基础增加的重力荷载占原有基础荷载的比例小于长期压密提高系数时，则不需要经过验算就可判断为不超过地基承载力。

7) 问题讨论及建议 3：遇有液化地基时应如何处理？

当液化地基的液化等级为严重时，对乙类和丙类设防的建筑，宜采取消除液化沉降或提高上部结构抵抗不均匀沉降能力的措施；当液化地基的液化等级为中等时，对乙类设防的 B 类建筑，宜采取提高上部结构抵抗不均匀沉降能力的措施。

（1）为消除液化沉降，进行地基处理时，可采用下列措施。

① 桩基托换：将基础荷载通过桩传到非液化土上，桩端（不包括桩尖）伸入非液化土中的长度应按计算确定，且为碎石土，砾、粗、中砂，坚硬黏性土和密实粉土尚不应小于 0.5m，对其他非岩石土尚不宜小于 1.5m。

桩基托换，采用树根桩、静压桩托换，轻型建筑也可采用悬臂式牛腿桩支托，当液化土层在浅层且厚度不大时，可通过加深基础穿过液化土层，将基础置于非液化的土层上；条形基础托换需分段进行，每段的长度一般不超过 2m；当液化土层埋深较大或厚度较大时，需新增桩基：桩端伸入非液化土层的深度，需满足设计规范的要求，对碎石土，砾、粗、中砂，坚硬勃性土和密实粉土尚不应小于 0.5m，对其他非岩石土尚不宜小于 1.5m。

桩基托换法不适用于地下水位高于托换基础标高的情况。

② 压重法：对地面标高无严格要求的建筑，可在建筑周围堆土或重物，增加覆盖压力。利用加大液化土层的压力来减轻液化影响，压重范围和压力需经过计算确定。施工时，堆载要分级均匀对称，以防止不均匀沉降。

③ 覆盖法：将建筑的地坪和外侧排水坡改为钢筋混凝土整体地坪。地坪应与基础或墙体锚固，地坪下应设厚度为 300mm 的砂砾或碎石排水层，室外地坪宽度宜为 4～5m。

该法是利用加大液化土层的压力来减轻液化影响，震害调查和室内模型试验均表明，即使下部土层液化，如果不发生喷冒，则基础的不均匀沉降和平均沉降均明显减小，在很大程度上减轻液化危害；抗喷冒用的刚性地坪应厚度均匀，与基础紧密接触，还需要嵌入基础，以防止地坪上浮。

④ 排水桩法：在基础外侧设碎石排水桩，在室内设整体地坪。排水桩不宜少于两排，桩距基础外缘的净距不应小于 1.5m。

排水桩法的原理是：直接位于基础下的区域比自由场地不容易液化，而紧邻基础边有一个高的孔压区比自由场地更容易液化，因此，当地震震动的强度不足以使基础下的土层液化时，只需降低基础边的孔压就可能保持基础的稳定。此法在室内地坪不留缝隙，在基础边 1.5m 以外利用碎石的空隙作为土层的排水通道，将地震时土中的孔隙水压控制在容许范围内，以防止液化；排水桩的深度最好达到液化土层的底部，排水桩的间距要经计算确定，排水桩的渗透性要比固结土大 200 倍以上，且不被淤塞。

⑤ 旋喷法：穿过基础或紧贴基础打孔，制作旋喷桩，桩长应穿过液化层并支承在非液化土层上。

该法适用于粉土、砂土等，既可用来防止基础继续下沉，也可减少液化指数、降低液化等级或消除液化的可能。此法在基础内或紧贴基础侧面钻孔制作水泥旋喷桩：先用岩心钻钻到所需的深度，插入旋喷管，再用高压喷射水泥浆，边旋转注浆边提升，提到预定的深度后停止注浆并拔出旋喷管。在旋喷过程中利用水泥浆的冲击力扰动土体，使土体与水泥浆混合，凝固成圆柱状固体，达到加固地基土的目的。此法的优点如下：

a. 可在不同深度、不同范围内喷射水泥浆，可形成间隔的桩柱体或连成整体的连续桩；

b. 可适用于淤泥、淤泥质土、黏性土、粉土、砂土、黄土、素填土和碎石土等；

c. 桩柱体的强度，可通过硬化剂的用量控制；

d. 可形成竖直桩或斜桩。

（2）对液化地基、软土地基或明显不均匀地基上的建筑，可采取下列提高上部结构抵抗不均匀沉降能力的措施：

① 提高建筑的整体性或合理调整荷载。

② 加强圈梁与墙体的连接。当可能产生差异沉降或基础埋深不同且未按 1/2 的比例过渡时，应局部加强圈梁。

③ 用钢筋网砂浆面层等加固砌体墙体。

4.3.7　当地基基础的安全性按斜坡场地稳定性项目鉴定时，应结合滑动迹象、滑动史等进行综合分析并评定等级。

延伸阅读与深度理解

1）建造于山区或坡地上的房屋，除需鉴定其地基承载力是否安全外，尚需对其斜坡场地稳定性进行评价。

2）调查的对象应为整个场区；一方面要取得工程地质勘察报告，另一方面还要注意场区的环境状况，如近期山洪排泄有无变化，坡地树林有无形成"醉林"的态势（即向坡地一面倾斜），附近有无新增的工程设施等。

3）必要时，还需邀请工程地质专家参与评定，以期作出准确、可靠的鉴定结论。

4）本条部分引自《民用建筑可靠性鉴定标准》GB 50292—2015 第 7.2.5 条。

4.3.8 地基基础的安全性等级，应依据本规范第 4.3.5 条～第 4.3.7 条的鉴定结果按其中最低等级确定。

 延伸阅读与深度理解

1）评定地基基础安全性等级所依据的各检查项目之间，并无主次之分，故应按其中最低一个等级确定其级别。

2）本条部分引自《民用建筑可靠性鉴定标准》GB 50292—2015 第 7.2.7 条。

4.3.9 当场地、地基下的水位、水质或土压力有较大改变时，应对此类变化对基础产生的不利影响进行评价，并应提出处理建议。

 延伸阅读与深度理解

1）本条部分引自《民用建筑可靠性鉴定标准》GB 50292—2015 第 7.2.6 条。

2）地下水位变化包括水位变动和冲刷；水质变化包括 pH 值改变、溶解物成分及浓度改变等，其中尤应注意 CO_3^{2-}、NH_4^+、Mg^{2+}、SO_4^{2-}、Cl^- 等对地下构件的侵蚀作用。当有地下墙时，尚应检查土压和水压的变化及墙体出现的裂缝大小和所在位置。

3）特别是近些年我国地下水的腐蚀性变化比较大，这就需要对其进行重新评价。

比如很多鉴定报告，都没有对地下结构的耐久性进行分析评价，笔者遇到此类报告，一般都建议检测鉴定单位对地下结构，特别是基础耐久性进行评价。

4）另外还需特别注意地下水位的变化，随着海绵城市的发展建设，不少城市由于水系的改造，地下水位有不断上升的趋势，笔者认为这点在改造工程中也应特别注意。

4.3.10 既有建筑的主体结构安全性，应依据其结构承载功能、结构整体牢固性、结构存在的不适于继续承载的侧向位移进行综合评定。

 延伸阅读与深度理解

以主体结构承载功能、结构整体性和结构侧向位移的鉴定结果，作为确定主体结构安全性等级的基本依据。

4.4　鉴定系统层次安全性鉴定

4.4.1　既有建筑第三层次鉴定系统的安全性鉴定评级，应根据地基基础和主体结构的安全性等级，以及与整幢建筑有关的其他安全问题进行评定。

延伸阅读与深度理解

鉴定系统的安全性鉴定需考虑与整幢建筑有关的其他安全问题，是因为建筑物所遭遇的险情，不完全都是由于自身问题引起的。在这种情况下，对它们的安全性同样需要进行评估，并同样需要采取措施进行处理，如直接受到毗邻危房的威胁。因此，作出相应规定。

4.4.2　鉴定系统的安全性等级，应根据地基基础和主体结构的评定结果按其中较低等级确定。

延伸阅读与深度理解

为确保结构安全，取地基基础和主体结构的较低等级为鉴定系统的安全性等级。
【工程案例】同第 4.2.1 条【工程案例】。

4.4.3　对下列任一情况，应直接评为 D_{su} 级：
1　建筑物处于有危房的建筑群中，且直接受其威胁。
2　建筑物朝一方向倾斜，且速度开始变快。

延伸阅读与深度理解

1）本条所列两款内容，均属紧急情况，需直接通过现场宏观勘察作出判断和决策，故规定不必按常规程序鉴定，以便及时采取应急处理措施。

2）当单层或多层房屋地基出现下列现象之一时，应评定为危险状态：

（1）当房屋处于自然状态时，地基沉降速率连续两个月大于 4mm/月，且短期内无收敛趋势；当房屋受相邻地下工程施工影响时，地基沉降速率大于 2mm/d，且短期内无收敛趋势。

（2）因地基变形引起砌体结构房屋承重墙体产生单条宽度大于 10mm 的沉降裂缝，或产生最大裂缝宽度大于 5mm 的多条平行沉降裂缝，且房屋整体倾斜率大于 1%。

（3）因地基变形引起混凝土结构房屋框架梁、柱出现开裂，且房屋整体倾斜率大于 1%。

（4）两层及两层以下房屋整体倾斜率超过 3%，三层及三层以上房屋整体倾斜率超过 2%。

（5）地基不稳定，产生滑移，水平位移量大于 10mm，且仍有继续滑动迹象。

3）当高层房屋地基出现下列现象之一时，应评定为危险状态：

（1）不利于房屋整体稳定性的倾斜率增速连续两个月大于 0.05％/月，且短期内无收敛趋势。

（2）上部承重结构构件及连接节点因沉降变形产生裂缝，且房屋的开裂损坏趋势仍在发展。

（3）房屋整体倾斜率超过表 4.4.3 规定的限值。

高层房屋整体倾斜率限值 表 4.4.3

房屋高度（m）	$24 < H_g \leqslant 60$	$60 < H_g \leqslant 100$
倾斜率限值	0.7％	0.5％

注：H_g 为自室外地面起算的建筑物高度（m）。

【工程案例】2022 年 9 月有朋友咨询笔者这样一个改造工程问题。

某工程设计年代不详，且无相关资料，内部有一个游泳池，原设计游泳池与建筑完全脱开，现甲方想把游泳池加高改为消防水池，同时消防水池顶作为办公用房。这位朋友咨询笔者，应注意哪些问题？

笔者建议如下：

（1）由于此游泳池在建筑内部，尽管其与主体结构没有联系，也应对原主体建筑进行检测鉴定；当然，如果原结构已经达到原设计使用年限，则必须对其进行安全性及抗震性鉴定。

（2）游泳池本身也应进行检测鉴定，且由于没有地勘资料，建议也应补做地勘，提供相关参数。

（3）后改造的消防水池及办公用房后续设计年限应同原主体结构。如果原建筑已经达到设计使用年限，则本次改造应结合鉴定报告对主体建筑进行加固补强，建议后续工作年限为 30 年。

第5章 既有建筑抗震鉴定

5.1 一般规定

5.1.1 既有建筑的抗震鉴定，应首先确定抗震设防烈度、抗震设防类别以及后续工作年限。

 延伸阅读与深度理解

1）既有建筑进行抗震鉴定时，首先应确定其抗震设防类别和抗震设防标准。

2）既有建筑所在地区采用的地震影响，应基于后续设计工作年限，采用相应于抗震设防烈度的设计基本地震加速度和特征周期。

3）后续工作年限的确定是抗震鉴定中重要的一环，它与地震作用的计算、抗震措施的核查要求密切相关。有时是先根据建造年代或设计采用规范系列确定后续工作年限，再确定相应的地震作用和抗震措施的核查，有时则需要根据不同的地震作用采取折减计算结果和抗震措施核查，经综合分析，最后确定后续工作年限。

4）抗震设防烈度、设防类别和后续设计工作年限是进行抗震鉴定时必不可少的因素，必须首先明确。

5）什么既有建筑需要进行抗震鉴定？

依据《建设工程抗震管理条例》（国令第744号），发布日期：2021年8月4日，实施日期2021年9月1日，条例相关内容摘录如下：

第三章 鉴定、加固和维护

第十九条 国家实行建设工程抗震性能鉴定制度。

按照《中华人民共和国防震减灾法》第三十九条规定应当进行抗震性能鉴定的建设工程，由所有权人委托具有相应技术条件和技术能力的机构进行鉴定。

国家鼓励对除前款规定以外的未采取抗震设防措施或者未达到抗震设防强度标准的已经建成的建设工程进行抗震性能鉴定。

《中华人民共和国防震减灾法》第三十九条已经建成的下列建设工程，未采取抗震设防措施或者抗震设防措施未达到抗震设防要求的，应当按照国家有关规定进行抗震性能鉴定，并采取必要的抗震加固措施：

（一）重大建设工程；

（二）可能发生严重次生灾害的建设工程；

（三）具有重大历史、科学、艺术价值或者重要纪念意义的建设工程；

（四）学校、医院等人员密集场所的建设工程；

（五）地震重点监视防御区内的建设工程。

6）后续工作年限（原使用年限）是如何提出的？

后续工作年限是指对既有建筑继续使用所约定的一个时期，在这个时期内，既有建筑只需要进行正常维护而不需要进行大修就能按预期目的使用，完成预定的功能作用。这个概念的提出是吸收近些年的科研成果，将抗震鉴定与后续工作年限结合起来，对既有建筑改造具有现实意义。

早在 1998 年的国际标准《结构可靠性的一般原则》ISO 2394：1998 中，便开始提出既有建筑的可靠性评定方法。该标准强调了依据用户提出的使用年限对可变作用采取折减系数的方法相应折减，并对结构实际承载力（含实际尺寸、配筋、材料强度、已有缺陷等）与实际受力进行比较，从而评定其可靠性。

5.1.2 既有建筑的抗震鉴定，应根据后续工作年限采用相应的鉴定方法。后续工作年限的选择，不应低于剩余设计工作年限。

 延伸阅读与深度理解

1）鉴于既有建筑需要鉴定和加固的数量很大，情况又十分复杂，如结构类型不同、建造年代不同、设计时所采用的设计规范地震动区划图的版本不同、施工质量不同、使用者的维护不同、投资方也不同，导致彼此的抗震能力有很大的不同，需要根据实际情况区别对待和处理，使之在现有的经济技术条件下分别达到最大可能达到的抗震防灾要求。

2）按照国务院《建设工程质量管理条例》的规定，结构设计文件应当符合国家规定的设计深度要求，注明工程合理工作年限。

3）对于鉴定和加固，则应确定合理的后续工作年限。后续工作年限的选择，需要综合考虑各种边界条件，不应低于剩余设计工作年限，并鼓励采用更长的后续工作年限实行既有建筑的抗震鉴定。

4）"后续工作年限的选择，不应低于剩余设计工作年限"，需注意这是针对 2001 年以后设计建造的建筑而言的，对 A、B 类建筑并不适用，抗震鉴定"后续工作年限 30 年"的红线不应逾越。也可以说加固改造项目的后续设计年限不得小于 30 年。

5）落实既有建筑的抗震鉴定时首先应确定合理的后续工作年限。后续工作年限不同，可采用的鉴定方法不同、鉴定的内容与要求也不相同，鉴定结论可能会有所不同，达到的设防目标也会有所差异。

6）尽管从概率角度来看，既有建筑的抗震设防目标与新建工程的设防目标是一致的，但对于一次特定的地震中，后续工作年限少于 50 年的既有建筑，其损坏程度会大于后续工作年限 50 年的建筑，其三水准设防的含义是：小震时主体结构构件可能会有轻度损坏，中震可能损坏较为严重，修复难度较大。

5.1.3 既有建筑的抗震鉴定，根据后续工作年限应分为三类：后续工作年限为 30 年以内（含 30 年）的建筑，简称 A 类建筑；后续工作年限为 30 年以上 40 年以内（含 40 年）的建筑，简称 B 类建筑；后续工作年限为 40 年以上 50 年以内（含 50 年）的建筑，简称 C 类建筑。

延伸阅读与深度理解

1）根据后续工作年限，将既有建筑划分为 A、B、C 三类建筑；从后续工作年限内具有相同的超越概率的角度出发，针对 A、B、C 三类建筑提出相应的抗震鉴定标准，并鼓励有条件时应采用更高的标准，尽可能提高既有建筑的抗震能力。

2）在执行这一条时应注意，不能将后续工作年限与建筑类别之间画上等号。A 类建筑的后续工作年限一定是 30 年，但后续工作年限 30 年的建筑不一定是 A 类建筑。同样，B 类建筑的后续工作年限一定是 40 年，但后续工作年限 40 年的建筑不一定是 B 类建筑。

3）对于 2001 年后建成的建筑（主要指按 2001 系列规范设计），此类建筑已使用了 10 年或 20 年，期间《建筑抗震设计规范》GB 50011 进行了两次修订，若按现行《建筑抗震设计规范》GB 50011 进行鉴定可能过不了关，在鉴定加固时允许维持剩余设计工作年限不变，因此加固改造后的实际后续工作年限可能是 30 年或 40 年，但此后续工作年限与 A、B 类建筑的后续工作年限是不同的。

4）《通规》GB 55021 里的 A 类建筑，是指后续使用年限少于 30 年的建筑；B 类建筑是指后续使用年限为 31～40 年的建筑；C 类建筑是指后续使用年限为 41～50 年的建筑；且以上均与既有建筑建造年代无关。

5）《通规》GB 55021 与《建筑抗震鉴定标准》GB 50023 的分类异同。

（1）《通规》GB 55021：仅以既有建筑的剩余工作年限作为确定抗震鉴定后续年限的依据。

（2）《建筑抗震鉴定标准》GB 50023：以既有建筑的建造年代、原设计依据标准作为确定抗震鉴定后续工作年限的依据。

比如：

1990 年建造按《建筑抗震设计规范》GBJ 11—1989 设计：已经用了 32 年，剩余工作年限 19 年，按《通规》GB 55021 后续工作年限应为 30 年，建筑类别则为 A 类，而按《建筑抗震鉴定标准》GB 50023—2009 则应属于 B 类建筑。

2002 年建造按《建筑抗震设计规范》GB 50011—2001 设计：已经用了 20 年，剩余工作年限 30 年，按《通规》GB 55021 后续工作年限应为 30 年，建筑类别则为 A 类，而按《建筑抗震鉴定标准》GB 50023—2009 则应属于 C 类建筑。

2020 年建造按《建筑抗震设计规范》GB 50011—2010 设计：已经用了 10 年，剩余工作年限 40 年，按《通规》GB 55021 后续工作年限应为 40 年，建筑类别则为 B 类，而按《建筑抗震鉴定标准》GB 50023—2009 则应属于 C 类建筑。

6）《通规》GB 55021 中的 A、B、C 类建筑按图 5.1.3 理解可能更加容易，这也是规范主编的建议。

说明：这里的 A 类建筑对应《建筑抗震设计规范》GBJ 11—1989 实施以前设计建造的建筑；B 类建筑对应按《建筑抗震设计规范》GBJ 11—1989 设计建造的建筑；C 类建筑对应按《建筑抗震设计规范》GB 50011—2001 及以后版本设计建造的建筑。

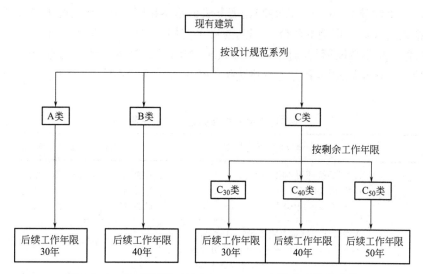

图 5.1.3 本《通规》GB 55021—2021 中关于建筑的分类

5.1.4 A 类和 B 类建筑的抗震鉴定，应允许采用折减的地震作用进行抗震承载力和变形验算，应允许采用现行标准调低的要求进行抗震措施的核查，但不应低于原建造时的抗震设计要求；C 类建筑，应按现行标准的要求进行抗震鉴定；当限于技术条件，难以按现行标准执行时，允许调低其后续工作年限，并按 B 类建筑的要求从严进行处理。

 延伸阅读与深度理解

1）本《通规》GB 55021—2021 是直接依据后续工作年限（即以前的后续使用年限）确定建筑鉴定类别（也是 A、B、C 三类），每类有相应的鉴定方法，这就让设计师有点疑惑，难道说通用规范实施后，抗震鉴定建筑类别可以随意选择？如 2005 年建造的建筑鉴定时可按业主或鉴定人的理解来确定是 A 类或 B 类吗？答案显然不是。本《通规》GB 55021—2021 第 5.1.4 条也表明了这一点，即"A 类和 B 类建筑的抗震鉴定，应允许采用折减的地震作用进行抗震承载力和变形验算，应允许采用现行标准调低的要求进行抗震措施的核查，但不应低于原建造时的抗震设计要求"，也就是说，表面看来，无论哪年建造的建筑，鉴定时 A、B、C 类都可以选，但一句"不应低于原建造时的抗震设计要求"就决定了实际上 2005 年建造的建筑，仍不能选择按照 A 或 B 类的方法进行抗震鉴定（假设本《通规》GB 55021—2021 的 A、B、C 类与抗震鉴定标准的 A、B、C 类的要求基本相同）。

2）本《通规》GB 55021—2021 与《建筑抗震鉴定标准》GB 50023 的 A、B、C 类鉴定方法异同。

《建筑抗震鉴定标准》GB 50023—2009 中的 A、B、C 类与本《通规》GB 55021—2021 的 A、B、C 类的异同，详见表 5.1.4-1。由表中看，二者的后续使用（工作）年限的划分似乎有差异，但仔细观察，后者所述的小于 30 年和等于 30 年在抗震鉴定要求方面没有区别，即使后续工作年限 20 年也得按照 30 年的要求进行，这个与前者实际上是一致的。另外，两个标准的A、B、C类的鉴定方法也基本相同，A、B类都可用规范法或综合抗震能力指数法（对于规则的砌体、钢筋混凝土结构），且本《通规》GB 55021—2021第5.3.3条的算法及系数取值均与抗震鉴定标准的相应做法基本一致，这也进一步核实了通用规范的后续工作年限实际上也是与建造年代相关（因为"不应低于原建造时的抗震设计要求"）。

《鉴定标准》与《鉴定通规》异同　　　　　　　　　　表 5.1.4-1

	建筑抗震鉴定标准	既有建筑鉴定与加固通用规范
A、B、C类建筑与后续使用（工作）年限	A类:后续使用年限30年; B类:后续使用年限40年; C类:后续使用年限50年	A类:后续工作年限≤30年; B类:30年<后续工作年限≤40年; C类:40年<后续工作年限≤50年
A、B、C类建筑的鉴定方法	A类:《建筑抗震鉴定标准》GB 50023—1995的方法,基本是按照《工业与民用建筑抗震设计规范》TJ11—1978并加强要求的方法进行(综合抗震能力指数法),也可以按照标准第3.0.5条采用现行规范规定的方法,钢筋混凝土构件应按现行国家标准承载力抗震调整系数值的0.85倍采用; B类:基本按照《建筑抗震设计规范》GBJ 11—1989并同时吸收了个别《建筑抗震设计规范》GB 50011—2001的要求进行,对于规则的也可按综合抗震能力法但相关系数与A类不同; C类:基本按照现行抗震规范的要求并适当考虑构造影响进行,不低于原设计建造时的抗震要求	采用现行规范规定的方法进行抗震承载力验算时, A类:建筑的水平地震影响系数最大值应不低于现行标准相应值的0.8倍,或承载力抗震调整系数不低于现行标准相应值的0.85倍; B类:建筑的水平地震影响系数最大值应不低于现行标准相应值的0.9倍。 同时,上述参数不应低于原建造时抗震设计要求的相应值。 另外,多层规则砌体、钢筋混凝土结构,还可以用综合抗震能力指数法(第5.3.3条),同《建筑抗震鉴定标准》GB 50023。 C类:建筑按照现行规范标准

3）A、B类建筑的抗震鉴定有什么异同？

现有建筑的抗震鉴定，将抗震措施和抗震验算要求更紧密地联系在一起，体现了结构抗震能力是承载能力和变形能力两个因素的有机结合。

（1）A类建筑的抗震鉴定采用两级鉴定法。第一级鉴定的内容较少，容易掌握又确保安全。当满足第一级鉴定要求时，可不进行第二级鉴定即可通过鉴定；第一级鉴定中有些项目不合格时，可在第二级鉴定中进一步判断。第二级鉴定是在第一级鉴定的基础上进行的，当结构的承载力较高时，可适当放宽上部结构的某些构造要求；或者，当抗震构造良好时，承载力的要求可酌情降低。因此，A类建筑的抗震鉴定可归纳为逐级鉴定、综合评定。笔者理解这里的A类建筑，主要是针对20世纪90年代以前的既有建筑。

（2）根据B类建筑的抗震鉴定要求同时对抗震措施、抗震承载力验算进行鉴定后，再对房屋的抗震能力进行综合评定。当结构或构件的承载力较高时，可适当放宽某些构造要求，当抗震构造良好时，结构或构件承载力的要求也可酌情降低。当主要构件的抗震承载力不低于规定值的95%、次要构件的抗震承载力不低于规定值的90%时，相当于结构安全性鉴定等级评级中的au级，可不进行加固处理。因此，B类建筑的抗震鉴定可归纳为并行鉴定、综合评定。笔者理解这里的B类是针对20世纪90年代以后的既有建筑。

4) C类建筑的抗震鉴定疑惑问题。

我们再看看工程师们疑惑的本《通规》GB 55021—2021第5.1.4条的后半句，即"C类建筑，应按现行标准的要求进行抗震鉴定；当限于技术条件，难以按现行标准执行时，允许调低其后续工作年限，并按B类建筑的要求从严进行处理"，首先需要明确的是C类建筑也"不应低于原建造时抗震设计要求的相应值"，一是与国家防灾减灾策略相协调，二是所有《通规》的前言都写有"对于既有建筑改造项目（指不改变原有使用功能），当条件不具备、执行强制性确有困难时，应不低于原建造时的标准"，这已经是最低要求，不能突破。其实C类建筑的特殊性可以用抗震鉴定标准方面程绍革、史铁花编委等提过的方法来处理，见表5.1.4-2。

特殊类建筑抗震鉴定时的处理方法　　　　　　　表 5.1.4-2

具体情况	特殊情况C类建筑抗震鉴定时的处理办法
按《建筑抗震设计规范》GB 50011—2010设计的已使用近10年的C类建筑	地震作用：可按《建筑抗震设计规范》GB 50011—2010乘折减系数0.9（6度时不折减），但不得低于原设计（设防提高情况）。 抗震措施：当罕遇地震下的层间位移角远小于规范限值时抗震等级可按现行抗规降一级考虑，但不得低于原设计抗震等级的要求。 后续使用年限：维持原设计不变或40年[注：此40年非彼40年（B类建筑），报告需明确]
按《建筑抗震设计规范》GB 50011—2001设计的G类建筑	地震作用：三种方法： 1）按《建筑抗震设计规范》GB 50011—2010折减0.9（6度时不折减）但不得低于《建筑抗震设计规范》GB 50011—2001结果，此时后续使用年限为40年（此40年非B类建筑之40年，报告需明确） 2）按《建筑抗震设计规范》GB 50011—2010折减0.8（6度时不折减）但不得低于《建筑抗震设计规范》GB 50011—2001结果；此时后续使用年限为30年（此30年非A类建筑之30年，报告需明确） 3）按《建筑抗震设计规范》GB 50011—2001；此时后续使用年限维持原设计使用年限不变。 抗震措施：与地震作用依据的规范版本一致。若按《建筑抗震设计规范》GB 50011—2010，当罕遇大震下的层间位移角远小于规范限值时抗震等级可按《建筑抗震设计规范》GB 50011降低一级考虑，但不得低于《建筑抗震设计规范》GB 50011—2010对应抗震等级的要求
其余C类	按《建筑抗震设计规范》GB 50011—2010鉴定，后续使用年限50年

笔者认为本《通规》GB 55021—2021的本意也是按表5.1.4-2中的鉴定方法来处理，本《通规》GB 55021—2021第5.1.4条后半句话可以解释为"C类建筑，应按现行标准的要求进行抗震鉴定；当限于技术条件，难以按现行标准执行时，允许适当降低其鉴定要求，但不低于建造时的标准来进行抗震鉴定"，更符合客观实际和防灾策略。

对表5.1.4-2进一步用文字解释如下：

（1）按《建筑抗震设计规范》GB 50011—2001设计建造的既有建筑鉴定建议。

步骤：确定地震作用取值→确定抗震措施→确定后续工作年限。（注意顺序上的差别）见图5.1.4-1。

笔者补充说明：按后续设计工作年限40年（地震作用折减系数取0.9）与原结构设计的地震作用对比取较大值；另外，按后续设计工作年限30年（地震作用折减系数取0.8）与原结构设计的地震作用对比取较大值。

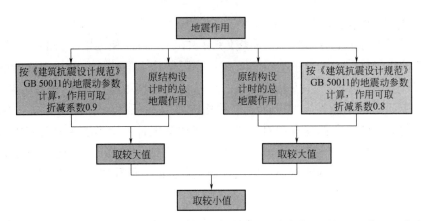

图 5.1.4-1　按《建筑抗震设计规范》GB 50011—2001 设计建造时的地震作用选取流程

抗震措施与后续工作年限的确定见图 5.1.4-2。

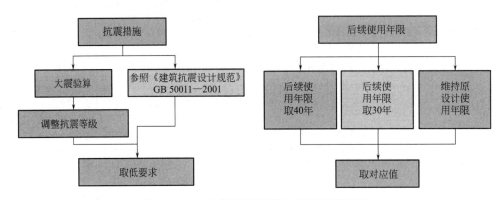

图 5.1.4-2　抗震措施及后续工作年限的确定

说明：抗震措施同样可通过大震弹塑性验算的结果决定是否可适当降低抗震等级，并与原设计采用的《建筑抗震设计规范》GB 50011—2001 进行对比，取较低的抗震等级。

加固改造的后续工作年限取值如下：当地震作用取了 0.9 的折减系数，抗震措施按大震验算调整了抗震等级时，后续工作年限取 40 年；当地震作用取了 0.8 的折减系数，抗震措施执行《建筑抗震设计规范》GB 50011—2001 时，后续工作年限取 30 年；当地震作用取原结构设计值，后续工作年限维持原设计不变（相当于 30 年）。

（2）按《建筑抗震设计规范》GB 50011—2010 设计建造的既有建筑鉴定建议。

步骤：确定地震作用取值→确定抗震措施→确定后续工作年限，见图 5.1.4-3。

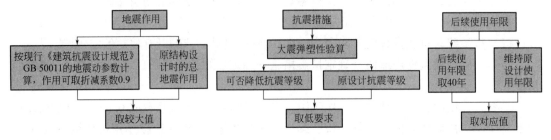

图 5.1.4-3　按《建筑抗震设计规范》GB 50011—2010 设计建造时的地震作用选取流程

首先是确定合理的地震作用。考虑到该建筑已使用了 10 年，按原设计使用年限尚有 40 年的合理使用年限，因此可按 40 年后续工作年限考虑，即地震作用按现行设计规范的计算值乘以一个 0.9 的折减系数，同时与原结构设计时的地震进行对比，取一个较大值，以保证不低于原设计标准。

其次是对抗震措施的考虑。采取抗震措施的目的是防止建筑在大震下倒塌，而且既有建筑要满足现行设计规范的各项要求是不可能的。建议进行大震下的弹塑性变形验算，如果层间位移角较规范限值要小得多（一般是指层间位移角仅为规范规定的 1/2 及以下），可将抗震等级降低一级，并与原设计采用的抗震等级进行对比，取一个较低的等级，这样做一来可以降低内力调整系数，二来可以减少抗震构造措施不足而进行的加固工作量，实际工程中两者的抗震等级基本相同。

最后，在确定了地震作用和抗震措施后，再确定加固设计的合理设计工作年限，这与 A、B 类建筑加固设计的顺序是相反的。当加固设计时的地震作用按折减系数 0.9 取值，则后续设计使用年限取为 40 年（需注意的是此 40 年非 B 类建筑之 40 年），如果取原结构设计的地震作用，则后续使用年限维持原设计使用年限不变。

综上所述，2022 年 4 月 1 日《既有建造鉴定与加固通用规范》GB 55021—2021 实施后，对于既有建筑抗震鉴定来说，变化并不大，如果非说有变化的话，那就是 C 类建筑的抗震鉴定的灵活处理有了依据，但绝不是可以用 B 类《建筑抗震设计规范》GBJ 11—1989 的相关要求进行 C 类建筑的抗震鉴定。请读者永远记住"不低于建造时的标准要求"是抗震鉴定和加固的底线，记住了这条底线，很多抗震鉴定和加固的问题都可以得到解决。

5）本条"A 类和 B 类建筑的抗震鉴定，应允许采用折减的地震作用进行承载力和变形验算，允许采用现行标准调低的要求进行抗震措施的核查，但不应低于原建造时的抗震设计要求"。那么"调低标准的抗震措施"具体指哪些方面呢？

A、B 类建筑的抗震设防标准及其调整，在《建筑抗震鉴定标准》GB 50023—2009 中已有明确说明，此处的"允许采用现行标准调低的要求进行抗震措施的核查，但不应低于原建造时的抗震设计要求"，对按《建筑抗震设计规范》GB 50011—2001 及以后版本规范设计建造的房屋而言是合适的，即《建筑抗震鉴定标准》GB 50023 中的 C 类建筑。

所谓的抗震措施指"除地震作用和抗力计算以外的抗震设计内容"，包括了抗震概念设计、内力组合与调整、抗震构造措施。既有建筑的抗震鉴定与加固可根据建筑的具体特点从这三个方面调整设防标准。

（1）地震作用计算及组合的调整。

① 地震作用的计算。

"十三五"国家重点研发计划课题对既有建筑考虑不同后续使用年限的地震作用计算理论进行了系统的研究，研究结果表明：地震作用的概率分布属于极值 II 型，而地震烈度的概率分布属于极值 III 型。根据这一成果推导出了后续使用年限 30、40 年的地震作用折减系数取 0.8 和 0.9，该项成果已纳入《既有建筑鉴定与加固通用规范》GB 55021—2021 及其他的国家现行标准中。今后的《建筑抗震鉴定标准》GB 50023 修订中拟不再采用"鉴定谱"（第 3.0.5 条），直接按《建筑与市政工程抗震通用规范》GB 55002—2021 或《建筑抗震设计规范》GB 50011 计算地震作用，再乘以相应的折减系数。

② 地震作用组合的调整。

《建筑与市政工程抗震通用规范》GB 55002—2021给出了地震作用与其他作用效应的基本组合值：

$$S = \gamma_G S_{GE} + \gamma_{Eh} S_{Ehk} + \gamma_{Ev} S_{Evk} + \sum \gamma_{Di} S_{Dik} + \sum \varphi_i \gamma_i S_{ik}$$

式中：γ_G——重力荷载分项系数，一般情况下取1.3；

γ_{Eh}、γ_{Ev}——分别为水平、竖向地震作用分项系数，主向地震取值不小于1.4，次向地震取值不小于0.5；

γ_{Di}——不包括在重力荷载内的第i个永久荷载的分项系数，一般情况下不应小于1.3；

γ_i——不包括在重力荷载内的第i个可变荷载的分项系数，不应小于1.5；

φ_i——不包括在重力荷载内的第i个可变荷载的组合值系数，基本没变化；

S_{GE}——重力荷载代表值的效应；

S_{Ehk}——水平地震作用标准值的效应；

S_{Evk}——竖向地震作用标准值的效应；

S_{Dik}——不包括在重力荷载内的第i个永久荷载标准值的效应；

S_{ik}——不包括在重力荷载内的第i个可变荷载标准值的效应。

在上述组合公式中，分项系数的提高，部分楼面活荷载的调整，抗震设防烈度的提高，对既有建筑的加固改造客观上形成了"剿杀"的势态，对地震作用标准值效应的调整成为突出重围唯一的出路。

(2) 抗震措施即内力调整方面。

我国自《建筑抗震设计规范》GBJ 11—1989才开始有抗震等级这一概念，规定了抗震等级也就规定了地震作用调整系数的取值、配套的抗震构造措施，这些都是实现"小震不坏、中震可修、大震不倒"三水准抗震设防目标的保证。

① 对于A类建筑。

A类系按《工业与民用建筑抗震设计规范》TJ 11—1978或《工业与民用建筑抗震设计规范》TJ 11—1978设计，甚至还未考虑抗震设防，对于这一类建筑要达到现行国家标准《建筑抗震设计规范》GB 50011的要求是事实，更别说达到通用类技术规范的要求。对于这一类建筑鉴定加固时"降低标准"的做法是：

a. 地震作用效应调整系数一律取1，即取A类建筑（《建筑抗震设计规范》GBJ 11—1989而不是现行版《建筑抗震设计规范》GB 50011）中最低的抗震等级四级；

b. 抗震构造措施一般情况下按抗震等级四级考虑，对于改造复杂的情况，按B类建筑抗震等级三级考虑。

② 对于B类建筑。

a. 一般情况下按《建筑抗震鉴定标准》GB 50023中规定的抗震等级采用；

b. 对于抗震设防烈度提高了的地区，采用现行国家标准《建筑抗震设计规范》GB 50011的规定确定地震动参数，但抗震等级可根据新的地震动参数按《建筑抗震鉴定标准》GB 50023的规定确定。

(3) 抗震概念设计方面。

有关结构体系、建筑现状、结构整体性的鉴定要求，在《建筑抗震鉴定标准》GB 50023

的各章中都有明确的规定，这里重点谈谈关于建筑规则性的要求。

① 对于扭转不规则问题。

《建筑抗震鉴定标准》GB 50023—2009 中给出的扭转规则性要求条款，是沿用了《建筑抗震设计规范》GBJ 11—1989 的条文规定，只是给出了定性要求，要求在承载力验算时需考虑扭转效应，并未给出规则性的量化判断标准。直到《建筑抗震设计规范》GB 50011—2001 才给出了具体的量化指标，即大家熟知的扭转位移比 1.2 和 1.5。

对于 A 类、B 类建筑的加固改造，扭转位移比超是比较常见的（原因是以前规范没有明确规定），实际工程中可以这样处理：

a. 不得因加固改造使原有的扭转不规则性增加；

b. 宜通过加固（如增设抗震墙或支撑）减小原有的扭转不规则性；

c. 加固改造后的最大扭转位移比不得超过 1.4。

② 对于竖向不规则问题。

既有建筑竖向不规则的情况应引起设计人员足够的重视。在抗震鉴定阶段，对于侧向刚度发生突变的楼层，可将较小刚度楼层的体系影响系数取 0.8 进行验算。在加固改造设计阶段，建议按现行国家标准《建筑抗震设计规范》GB 50011 的要求执行，可通过增设抗震墙或钢支撑提高刚度，纯靠提高楼层承载力的方法是存在安全隐患的，因为大震下的塑性变形集中将导致该楼层构件的破坏，依然成为相对薄弱的楼层，严重者甚至发生倒塌，控制大震不倒是加固改造的基本要求。

③ 对于楼板不连续问题。

近些年来，建筑改造中，结构的抗震加固已向"大拆大改"的建筑功能改造发展，由于水平、竖向交通的调整，楼板开大洞、拔柱等不连续已成为设计师非常关心的问题。楼板开大洞、拔柱等不连续对建筑的抗震性能影响非常大，设计时应引起足够的重视。这类问题的解决方法是：

a. 适当提高《建筑抗震鉴定标准》GB 50023—2009 中抗震措施的要求，适度降低现行国家标准《建筑抗震设计规范》GB 50011 中抗震措施的要求，因此本《通规》GB 55021—2021 中"降低标准"应理解为降低设计标准的要求而不是鉴定标准的要求。

A 类钢筋混凝土结构的抗震等级一般情况下按现行国家标准《建筑抗震设计规范》GB 50011 中的四级考虑，即对地震作用效应不进行调整。

B 类钢筋混凝土结构按《建筑抗震鉴定标准》GB 50023—2009 中的规定确定。但对于结构大拆大改的工程，A 类钢筋混凝土结构至少应按抗震等级三级考虑，B 类钢筋混凝土结构应适当提高抗震等级。

b. 结构的整体分析应按弹性楼板考虑，对于楼板开洞、不连续严重超限的建筑，应保证中震作用下楼板处于弹性工作状态。

【工程案例】我司 2020 年承担的北京某高层既有工程改造。

工程概况：本工程原为停车场综合楼，位于朝阳区，由北京市某房产开发公司开发，由北京市某建筑设计院于 1994 年进行设计。

现浇钢筋混凝土框架—剪力墙结构。地下 2 层，地上 20 层，包括一个设备层及屋顶装饰架一层，总高度 62.65m。

该工程 1995 年施工将主体结构完成后，未进行装修。于 1997 年停建，2002 年 5 月份受北京市××开发集团房屋经营公司委托，由北京市××设计院对该工程进行改建，应甲方要求将屋顶设备层，层高2.27m板墙拆除，改为一个标准层并再加建一个标准层，层高均为3m，以上2层改造后，建筑总高66.35m。

2002年改造设计原则：对原结构整体（按《建筑抗震设计规范》GBJ 11—1989）进行核算，设计基准期为50年，对新加层部分的抗震构造措施，按《建筑抗震设计规范》GB 50011—2001要求进行设计。

笔者认为：原工程设计是1994年，2002年改建，设计基准期50年，整体按《建筑抗震设计规范》GBJ 11—1989复核不尽合理，新加顶部2层又按《建筑抗震设计规范》GB 50011—2001进行设计，显得更加不合理。笔者认为均应按《建筑抗震设计规范》GB 50011—2001进行设计。

2020年业主又委托我司进行改造设计，本次改造主要是功能布局调整及首层入口局部挑空，二层局部转换及屋顶增设泳池等，如图5.1.4-4所示。图5.1.4-5所示为本次改造后的效果图。

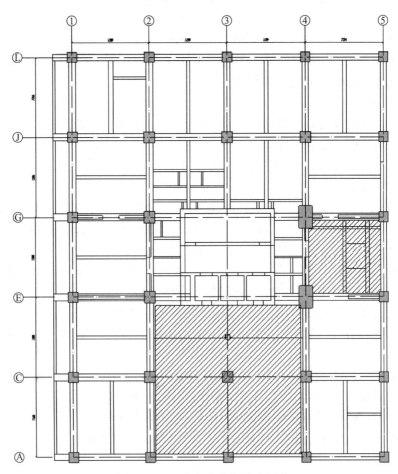

图5.1.4-4　本次改造范围示意图

图 5.1.4-5 2020 年改造后的效果图

经过与业主协商并结合既有建筑边界条件等，综合考虑后续工作年限为 40 年。原名为综合停车楼（实际也是办公用房），改造后为办公楼。

我司经过对原结构复原模型进行计算发现：周期为扭转周期，扭转位移比大于 1.4。整体复核指标如表 5.1.4-3 所示。

原模型复核整体指标   表 5.1.4-3

指标项		汇总信息
总质量(t)		37316.38
质量比		1.49<[1.5](2 层 1 塔)
最小刚度比 2	X 向	1.00>[1.00](24 层 1 塔)
	Y 向	1.00>[1.00](24 层 1 塔)
最小楼层受剪承载力比值	X 向	0.84>[0.80](5 层 1 塔)
	Y 向	0.79<[0.80](5 层 1 塔)
结构自振周期(s)		$T_3=1.6108(X)$
		$T_2=1.9398(Y)$
		$T_1=2.1483(T)$
有效质量系数	X 向	90.50%>[90%]
	Y 向	90.82%>[90%]
最小剪重比	X 向	4.96%>[3.20%](3 层 1 塔)
	Y 向	4.33%>[3.20%](3 层 1 塔)
最大层间位移角	X 向	1/1019<[1/800](15 层 1 塔)
	Y 向	1/865<[1/800](14 层 1 塔)
最大位移比	X 向	1.45<[1.50](4 层 1 塔)
	Y 向	1.25<[1.50](3 层 1 塔)
最大层间位移比	X 向	1.49<[1.50](4 层 1 塔)
	Y 向	1.25<[1.50](3 层 1 塔)
刚重比	X 向	7.05>[1.40]
	Y 向	4.93>[1.40]

针对这种情况，某司分析认为，由于既有建筑设计采用《建筑抗震设计规范》GBJ 11—1989设计及改造，该规范没有对扭转周期、扭转位移比提出限制要求，所以出现这些指标不符合现行规范也属于正常情况。补充说明：《建筑抗震设计规范》GB 50011—2001才提到控制楼层扭转位移比的问题，《高层建筑混凝土结构技术规程》JGJ 3—2002才提到控制扭转位移比及扭转周期比的问题。

某司也想通过本次改造（2020年）解决这些不规则问题，于是考虑了以下几个方案。

方案一：拆除 X 向四道剪力墙（从0.00往上拆除）。图5.1.4-6所示为云线处四道剪力墙，整体计算指标如表5.1.4-4所示。

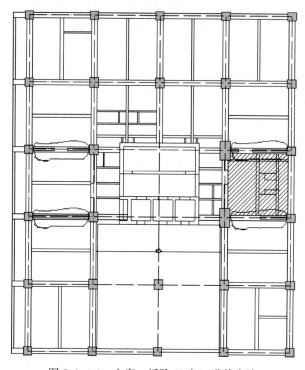

图5.1.4-6　方案一拆除 X 向四道剪力墙

方案一整体复核指标　　　　　　　　　　　表5.1.4-4

指标项		汇总信息
总质量(t)		36080.79
质量比		1.49<[1.5](2层1塔)
最小刚度比2	X 向	1.00>[1.00](24层1塔)
	Y 向	1.00>[1.00](24层1塔)
最小楼层受剪承载力比值	X 向	0.81>[0.80](5层1塔)
	Y 向	0.81>[0.80](5层1塔)
结构自振周期(s)		$T_3=2.0476(X)$
		$T_1=2.1879(Y)$
		$T_2=2.1414(T)$

续表

指标项		汇总信息
有效质量系数	X 向	90.17%>[90%]
	Y 向	90.32%>[90%]
最小剪重比	X 向	4.18%>[3.20%](3 层 1 塔)
	Y 向	3.84%>[3.20%](3 层 1 塔)
最大层间位移角	X 向	1/800<[1/800](16 层 1 塔)
	Y 向	1/777>[1/800](14 层 1 塔)
最大位移比	X 向	1.30<[1.50](4 层 1 塔)
	Y 向	1.18<[1.50](3 层 1 塔)
最大层间位移比	X 向	1.32<[1.50](3 层 1 塔)
	Y 向	1.17<[1.50](4 层 1 塔)
刚重比	X 向	4.38>[1.40]
	Y 向	3.92>[1.40]

由表 5.1.4-4 可以看出，扭转周期出现在第二周期，且扭转与第一平动之比为 0.978；Y 向层间位移 1/777；最大位移比小于 1.4。

方案二：拆除 X 向两道剪力墙（从 0.000 往上拆除）。图 5.1.4-7 所示为云线处两道剪力墙，整体计算指标如表 5.1.4-5 所示。

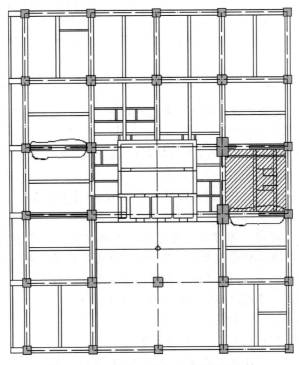

图 5.1.4-7 方案二拆除 X 向两道剪力墙

方案二整体复核指标

表 5.1.4-5

指标项		汇总信息
总质量(t)		37316.38
质量比		1.49<[1.5](2层1塔)
最小刚度比2	X 向	1.00>[1.00](24层1塔)
	Y 向	1.00>[1.00](24层1塔)
最小楼层受剪承载力比值	X 向	0.84>[0.80](5层1塔)
	Y 向	0.79<[0.80](5层1塔)
结构自振周期(s)		$T_3=1.6108(X)$
		$T_2=1.9398(Y)$
		$T_1=2.1483(T)$
有效质量系数	X 向	90.50%>[90%]
	Y 向	90.82%>[90%]
最小剪重比	X 向	4.96%>[3.20%](3层1塔)
	Y 向	4.33%>[3.20%](3层1塔)
最大层间位移角	X 向	1/1019<[1/800](15层1塔)
	Y 向	1/865<[1/800](14层1塔)
最大位移比	X 向	1.45<[1.50](4层1塔)
	Y 向	1.25<[1.50](3层1塔)
最大层间位移比	X 向	1.49<[1.50](4层1塔)
	Y 向	1.25<[1.50](3层1塔)
刚重比	X 向	7.05>[1.40]
	Y 向	4.93>[1.40]

由表 5.1.4-5 可以看出,扭转周期又出现在第一周期,最大位移比大于 1.4;显然不能解决问题。

方案三:拆除 X 向四道柱间钢支撑(从 0.00 往上)。图 5.1.4-8 所示为云线处四道柱间钢支撑,整体计算指标如表 5.1.4-6 所示。

由表 5.1.4-6 可以看出,扭转周期比不大于 0.9,扭转位移比小于 1.4,应该说是比较理想的方案。

方案比选小结:某司建议甲方选择方案三,但甲方提出这样影响建筑立面,不能采用。方案一,剪力墙拆除工程量太大,且费用甲方也无法接受,当然,采用方案一笔者本人也难以接受;笔者也提出采用屈曲约束支撑方案,甲方不同意。

基于以下几个问题,某司建议甲方组织专家论证:

问题 1:加固改造设计标准问题。

问题 2:第一周期扭转问题,扭转位移比超 1.4 问题。

于是甲方邀请了:中国建筑科学研究院、中国建筑设计院、中元国际设计院的专家,审图专家,及笔者本人五位专家组成评审会。专家听取了设计院汇报,查阅了相关资料,经质询,专家组给出如下论证主要意见及建议:

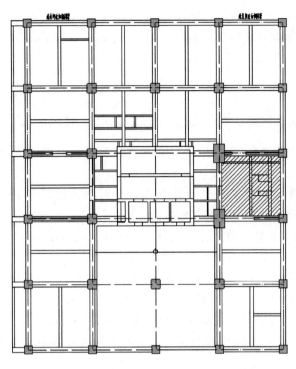

图 5.1.4-8 方案三拆除 X 向四道柱间钢支撑

方案三整体复核指标   表 5.1.4-6

指标项		汇总信息
总质量(t)		37467.29
质量比		1.49<[1.5](2 层 1 塔)
最小刚度比 2	X 向	1.00>[1.00](24 层 1 塔)
	Y 向	1.00>[1.00](24 层 1 塔)
最小楼层受剪承载力比值	X 向	0.84>[0.80](5 层 1 塔)
	Y 向	0.79<[0.80](5 层 1 塔)
结构自振周期(s)		$T_3=1.5141(X)$
		$T_1=1.9453(Y)$
		$T_2=1.7524(T)$
有效质量系数	X 向	90.84%>[90%]
	Y 向	90.81%>[90%]
最小剪重比	X 向	5.18%>[3.20%](3 层 1 塔)
	Y 向	4.30%>[3.20%](3 层 1 塔)
最大层间位移角	X 向	1/1068<[1/800](16 层 1 塔)
	Y 向	1/862<[1/800](14 层 1 塔)
最大位移比	X 向	1.32<[1.50](4 层 1 塔)
	Y 向	1.21<[1.50](3 层 1 塔)

续表

指标项		汇总信息
最大层间位移比	X向	1.36＜[1.50](3层1塔)
	Y向	1.16＜[1.50](3层1塔)
刚重比	X向	7.96＞[1.40]
	Y向	4.91＞[1.40]

1）本工程后续使用年限可按 40 年，加固改造可按《建筑抗震鉴定标准》GB 50023 进行设计。

2）现经复核计算，本项目整体计算存在第一周期扭转，部分楼层扭转位移比大于 1.4，经专家组分析研究，基于以下考虑给出意见：

（1）本工程为改造项目，由于历史原因，原设计时间为 1994 年，2002 年加层改造的结构布置没有明显变化，结构第一周期扭转均客观存在。

（2）专家组分析研究，认为尽管扭转周期为第一周期，但其所产生的地震基底剪力很小（不足 1%），同时扭转位移比超 1.4 的楼层主要集中在底部几层，但这些楼层位移角较小。

（3）考虑本工程的复杂性，建议本次改造设计计算采取以下加强措施：

① 东西两排边柱，需要进行性能设计，满足中震抗弯不屈，抗剪弹性、抗剪截面满足大震截面验算要求。

② 设计考虑偶然偏心、双向地震作用影响。

③ 楼板开洞及转换剪力墙后结构刚度与原结构设计变化不超过 10%，扭转位移比不大于 1.5。

④ 转换梁、转换柱应按现行规范进行性能化设计，转换梁满足中震弹性，大震不宜屈服；转换柱满足中震弹性，抗剪满足大震截面要求。

⑤ 越层柱应按非越层柱剪力，按实际高度复核其截面及配筋。

此案例引起的问题讨论：框架—剪力墙这种体系可否加柱间钢支撑？

这个问题，以前笔者在北京某高层建筑方案设计时，为了解决扭转及层间位移需要，曾建议采用钢筋混凝土框架—剪力墙＋钢支撑方案，笔者的目的是解决层间位移及扭转问题，承载力依然采用包络设计，当然，如果采用屈曲约束支撑肯定也可以。但当时我司咨询审图，审图专家认为这种体系目前规范没有（规范只给出了钢筋混凝土框架＋钢支撑体系），如果要采用需要进行专家论证。于是笔者私下咨询了两位设计大师（他们也是《建筑抗震设计规范》GB 50011 编委），其中一位资深大师说：完全可以，这种情况已经有不少案例了，钢支撑或屈曲约束支撑的都有；另外一位大师说：这种情况我都建议加屈曲约束支撑，普通钢支撑他没有遇到过，不好说。

笔者个人观点：如果仅仅是为了解决多遇地震作用下层间位移及扭转问题，承载力采用有支撑与无支撑包络设计完全可以，当然，如果采用屈曲约束支撑，承载力也不需要包络设计。

5.2 场地与地基基础

5.2.1 对建造于危险地段的既有建筑，应结合规划进行更新（迁离）；暂时不能更新的，应经专门研究采取应急的安全措施。

延伸阅读与深度理解

1）本条是保证工程安全的基本要求，2008 年汶川地震中危险地段的房屋严重破坏，鉴定时应予以注意。

2）《建筑与市政工程抗震通用规范》GB 55002—2021 第 3.1.2 条明确：建筑与市政工程进行场地勘察时，应根据工程需要和地震活动情况、工程地质和水文地质等有关资料按表 3.1.2 对地段进行综合评价。对不利地段，应尽量避开；当无法避开时，应采取有效的抗震措施。对危险地段，严禁建造甲、乙、丙类建筑。

5.2.2 设防烈度为 7～9 度，建筑场地为条状突出山嘴、高耸孤立山丘、非岩石和强风化岩石陡坡、河岸和边坡的边缘等不利地段时，应对其地震稳定性、地基滑移及对建筑的可能危害进行评估；非岩石和强风化岩石斜坡的坡度及建筑场地与坡脚的高差均较大时，应评估局部地形导致其地震影响增大的后果。

 延伸阅读与深度理解

岩土失稳造成的灾害，如滑坡、地裂、地陷等，其波及面广。对建筑物的危害性也很严重，鉴定需要更多地从场地的角度考虑，应评估局部地形导致其地震影响增大的后果。

5.2.3 建筑场地有液化侧向扩展时，应判明液化后土体流滑与开裂的危险。

 延伸阅读与深度理解

本条来自《建筑抗震鉴定标准》GB 50023—2009 第 4.1.4 条：建筑场地有液化侧向扩展且距离常时水线 100m 范围内，应判别液化后土体流滑与开裂的危险。本次取消了"距常时水线 100m 范围内"，也就是说范围更广阔了。

5.2.4 对存在软弱土、饱和砂土或饱和粉土的地基基础，应依据其设防烈度、设防类别、场地类别、建筑现状和基础类型，进行地震液化、震陷及抗震承载力的鉴定。对于静载下已出现严重缺陷的地基基础，应同时审核其静载下的承载力。

 延伸阅读与深度理解

1）鉴于既有建筑需要鉴定和加固的数量很大，情况又十分复杂，如结构类型不同，建造年代不同，设计时所采用的设计规范、地震动区划图的版本不同，施工质量不同，使用者的运维不同，投资方也不同，导致彼此的抗震能力有很大的不同，需要根据实际情况区别对待和处理，使之在现有的经济技术条件下分别达到最大可能达到的抗震防灾要求。

　　2）按照国务院《建设工程质量管理条例》的规定，结构设计文件应当符合国家规定的设计深度要求，注明工程合理设计后续工作年限。对于鉴定和加固，则应确定合理的后续工作年限。后续工作年限的选择，不应低于剩余设计工作年限，并鼓励采用更长的后续工作年限。

　　3）根据后续工作年限，将既有建筑划分为 A、B、C 三类；从后续工作年限内具有相同的超越概率的角度出发，针对 A、B、C 三类建筑提出相应的抗震鉴定标准，并鼓励有条件时应采用更高的标准，尽可能提高既有建筑的抗震能力。

5.3　主体结构抗震能力验算

　　5.3.1　对既有建筑主体结构的抗震能力进行验算时，应通过现场详细调查、检查、检测或监测取得主体结构的有关参数，应根据后续工作年限，按照设防烈度、场地类别、设计地震分组、结构自振周期以及阻尼比确定地震影响系数，对于 A、B 类建筑应允许采用现行标准调低的要求调整构件的组合内力设计值。

　　5.3.2　采用现行规范规定的方法进行抗震承载力验算时，A 类建筑的水平地震影响系数最大值应不低于现行标准相应值的 0.8 倍，或承载力抗震调整系数不低于现行标准相应值的 0.85 倍；B 类建筑的水平地震影响系数最大值应不低于现行标准相应值的 0.9 倍。同时，上述参数不应低于原建造时抗震设计要求的相应值。

 延伸阅读与深度理解

　　第 5.3.1、5.3.2 条所述的震害经验表明，按照《工业与民用建筑抗震鉴定标准》TJ 23—1977 进行鉴定加固的房屋，在 20 世纪 80 年代和 90 年代我国的多次地震中，如 1981 年邢台 M6 级地震、1981 年道孚 M6.9 级地震、1985 年自贡 M4.8 级地震、1989 年澜沧耿马 M7.6 级地震、1996 年丽江 M7 级地震，均经受了考验。2008 年汶川地震中，除震中区外，不仅严格按《建筑抗震设计规范》GBJ 11—1989、GB 50011—2001 进行设计和施工的房屋没有倒塌，经加固的房屋也没有倒塌，再一次证明按照鉴定标准执行对于减轻建筑的地震破坏是有效的。因此，本规范给出了抗震能力验算的统一思想，并给出了不同后续工作年限建筑按照现行抗震设计标准验算时应采用的地震影响系数和抗震承载力调整系数。对于既有建筑抗震承载力的验算，可统一表示为：

$$S \leqslant \psi_1 \psi_2 R / \gamma_{Ra}$$

式中　S——既有建筑结构构件内力组合的设计值；

　ψ_1、ψ_2——分别为体系影响系数和局部影响系数；

　　　R——既有建筑结构构件承载力设计值；

　　　γ_{Ra}——抗震鉴定的承载力调整系数。

　　5.3.3　对于 A 类和 B 类建筑中规则的多层砌体房屋和多层钢筋混凝土房屋，当采用以楼层综合抗震能力指数表达的简化方法进行抗震能力验算时，应符合下列规定，且不应低于原建造时的抗震要求：

　　1　多层砌体房屋的楼层综合抗震能力指数应符合下式规定：

$$\beta_{ci} = \psi_1 \psi_2 A_i / (A_{bi} \xi_{0i} \lambda) \geqslant 1 \qquad (5.3.3\text{-}1)$$

式中　β_{ci}——第 i 楼层的纵向或横向墙体综合抗震能力指数；

ψ_1、ψ_2——分别为体系影响系数和局部影响系数；

A_i——第 i 楼层纵向或横向抗震墙在层高 1/2 处净截面积的总面积，不包括高宽比大于 4 的墙段截面面积；

A_{bi}——第 i 楼层建筑平面面积；

ξ_{0i}——第 i 楼层纵向或横向抗震墙按 7 度设防计算的最小面积率；

λ——烈度影响系数，A 类：6、7、8、9 度时，应分别按 0.7、1、1.5 和 2.5 采用，设计基本地震加速度为 0.15g 和 0.3g 时，应分别按 1.25 和 2 采用；B 类：6、7、8、9 度时应分别按 0.7、1、2 和 4 采用，设计基本地震加速度为 0.15g 和 0.3g 时应分别按 1.5 有 3 采用。当场地处于不利地段时，尚应乘以增大系数。

2　多层钢筋混凝土房屋的楼层综合抗震能力指数应符合下式规定：

$$\beta = \psi_1 \psi_2 \xi_y \geqslant 1 \qquad (5.3.3\text{-}2)$$
$$\xi_y = V_y / V_e \qquad (5.3.3\text{-}3)$$

式中　β——平面结构楼层综合抗震能力指数；

ψ_1、ψ_2——分别为体系影响系数和局部影响系数；

ξ_y——楼层屈服强度系数；

V_y——楼层现有受剪承载力；

V_e——楼层的弹性地震剪力，当场地处于不利地段时，尚应乘以增大系数。

 延伸阅读与深度理解

1）A 类多层砌体房屋抗震鉴定相关问题。

（1）如何进行 A 类多层砌体房屋抗震鉴定？

多层砌体房屋的抗震鉴定主要应从房屋高度和层数、墙体实际材料强度（现场检测）、结构体系的合理性、主要构件整体连接构造的可靠性、局部损坏易引起局部倒塌的（如出入口的女儿墙、钢筋混凝土雨棚及挑檐悬臂构件等）构件自身及与主体结构连接的可靠性和抗震承载力验算要求等几个方面进行综合评定。

A 类建筑采用逐级鉴定、综合评定的方法，即第一级鉴定通过时，可不进行第二级鉴定就可评定为满足鉴定要求，否则应进行第二级鉴定综合评定。

① 鉴定程序。

第一级鉴定从层数与高度、结构体系、材料强度、整体性连接构造、局部易损部位几个方面进行鉴定，并进行抗震承载力简化验算。

注意：这里的抗震承载力简化验算，就是指按《建筑抗震鉴定标准》GB 50023—2009 第 5.2.9 条进行。

第二级鉴定主要是采用综合抗震能力指数法进行抗震验算。

a. 一般情况下 A 类房屋可优先采用综合抗震能力指数法进行第二级鉴定，并根据房屋不符合第一级鉴定的具体情况，采用楼层综合抗震能力指数方法评定，指数大于等于1为满足要求。

b. 房屋的质量和刚度沿高度分布明显不均匀，或7、8、9度时房屋的层数分别超过六、五、三层，可按鉴定标准B类房屋的抗震承载力验算方法进行验算，验算时应按规定估算构造的影响，由综合评定进行第二级鉴定。

请读者注意：对于平面不规则且有明显扭转效应的结构，也可采用楼层综合抗震承载力验算方法。

② A类多层房屋抗震设防为乙类建筑时鉴定的特殊要求。

总高度和总层数按本地区抗震设防烈度查《建筑抗震鉴定标准》GB 50023—2009表5.2.1，但层数应减少一层且总高度应降低3m；其抗震墙不应为180mm普通砖实心墙、普通砖空斗墙；跨度不小于6m的大梁，不应由独立砖柱支承；教学楼、医院用房等横墙较少、跨度较大的房间，宜为现浇或装配整体式（有现浇结合层的预制板）楼、屋盖；并应按《建筑抗震鉴定标准》GB 50023—2009第5.2.4条的要求按本地区抗震设防烈度检查构造柱设置情况（就是说乙类同丙类建筑）。

另外，请读者注意：在采用抗震承载力简化验算时，就是指按《建筑抗震鉴定标准》GB 50023—2009第5.2.9条进行验算时，由于该条实质上是进行抗震承载力的简化验算，属于抗震措施的鉴定，因此，对于抗震设防类别为乙类的房屋，也不需要按提高一度的要求查表。

(2) A类多层砌体房屋进行第二级鉴定时体系影响系数（ψ_1）和局部影响系数（ψ_2）如何合理确定？

① 体系影响系数可根据房屋不规则性、非刚性和整体性连接不符合第一级鉴定要求的程度，经综合分析后确定；也可由《建筑抗震鉴定标准》GB 50023—2009表5.2.14-1体系影响系数查得各项系数的乘积确定，但建议采用加权方法求得。

应用时需要注意以下几点：

a. 当某项规定不符合的程度较严重时，该项系数应取较小值；该项不符合程度较轻时，该项系数应取大值。

b. 当鉴定的要求相同时，处于烈度高区的房屋的影响系数取较小值。

c. 当构件支承长度、圈梁、构造柱等的构造符合现行《建筑抗震设计规范》GB 50011要求时，该项影响系数可取大于1。

d. 当砌体的砂浆强度等级为M0.4时，体系影响系数尚应乘以0.9。

e. 对于抗震设防类别为丙类的房屋，当有构造柱或芯柱时，尚可根据满足B类多层砌体房屋的相关规定的程度乘以1~1.2的系数；对于抗震设防类别为乙类的房屋，当构造柱不符合规定时，尚应乘以0.8~0.95的系数。

② 局部影响系数可根据易引起局部倒塌部位不符合第一级鉴定要求的程度，经综合分析后确定；也可由《建筑抗震鉴定标准》GB 50023—2009表5.2.14-2局部影响系数值查得。

应用时需要注意以下几点：

a. 不符合程度超过表内规定时，应采取加固或其他相应措施处理。

b. 确定局部影响系数时也要注意局部影响系数的影响范围，不是全部楼层。

c. 当构件支承长度、墙体局部尺寸等的构造符合现行《建筑抗震设计规范》GB 50011 要求时，该影响系数可大于 1。

（3）A 类砌体结构仅有局部易损部位的非结构主要构件不符合鉴定要求时应如何处理？

A 类砌体结构的第一级鉴定中，仅有局部易损倒塌部位的非主要结构构件不满足要求时，不再进行第二级鉴定，但应评为局部不满足抗震鉴定标准的要求。对不满足要求的非主要结构构件，结合房屋维修进行处理即可。但特别提醒注意：对于位于出入口或临街处易掉落伤人部位的非主要结构构件，也应立即进行加固处理或采取其他相应措施处理。

2）如何进行 B 类多层砌体房屋抗震鉴定？

（1）B 类多层砌体房屋的抗震鉴定程序。

B 类多层砌体房屋采用并行鉴定、综合评定的方法，即同时进行抗震措施和抗震承载力验算，最后应进行综合抗震能力的评定。

B 类多层砌体房屋的抗震措施鉴定与 A 类多层砌体房屋第一级鉴定相似，也是从层数与高度、结构体系、材料强度、整体性连接构造、易损及易倒塌部位这几个方面进行鉴定。与 A 类房屋相比，B 类房屋在抗震措施方面的要求更加严格。主要表现在以下几个方面：

① 适用范围：最小墙厚 240mm，取消 180mm 厚实心墙、空心墙、空斗墙等。

② 材料强度：砂浆强度等级最低要求提高，如：A 类要求砌体砂浆强度等级，6 度或 7 度时二层及以下的砖砌体不应低于 M0.4，当 7 度时超过二层或 8、9 度时不宜低于 M1；砌体墙体不宜低于 M2.5。而 B 类承重砌体的砂浆，砖砌体不应低于 M2.5，砌块砌体不应低于 M5 等。

③ 整体性方面：增加构造柱（芯柱）的要求，圈梁的设置和构造要求更加严格。

④ 易损局部倒塌部位：对楼梯间要求更加严格。

（2）B 类砌体多层房屋的抗震分析，可采用底部剪力法，并可按现行《建筑抗震设计规范》GB 50011 中的规定，只选择从属面积较大或竖向应力较小的墙段进行抗震承载力的验算；当抗震措施不满足要求时，可按 A 类房屋第二级鉴定的方法综合考虑构造的整体影响和局部影响。对于各层层高相当且较规则、均匀的 B 类多层砌体房屋，也可按 A 类的规定采取楼层综合抗震能力指数的方法进行综合抗震能力验算。其中，综合抗震能力指数计算时，烈度影响系数，6、7、8、9 度时应分别按 0.7、1、2 和 4 采用，设计基本加速度为 0.15g 和 0.3g 时分别按 1.5 和 3 采用。

（3）B 类多层砌体房屋抗震设防为乙类建筑时鉴定的特殊要求。

总高度和总层数按本地区设防烈度查《建筑抗震鉴定标准》GB 50023—2009 表 5.3.1，但层数应减少 1 层且总高度应降低 3m；跨度不小于 6m 的大梁，不应由独立砖柱支承；教学楼、医院用房等横墙较少、跨度较大的房间，宜为现浇或装配整体式（有现浇结合层的预制板）楼、屋盖；抗震措施核查，6～8 度应按比本地区设防烈度提高 1 度的要求进行核查；9 度时应适当提高要求，其中构造柱或芯柱的核查，对于教学楼、医疗用房等横墙较少的房屋，应根据房屋增加 1 层后的层数，按《建筑抗震鉴定标准》GB 50023—2009 第 5.3.4 条的要求检查；当教学楼、医疗用房等横墙较少的房屋为外廊式或单面走廊式时，应按增加 1 层后的层数按《建筑抗震鉴定标准》GB 50023—2009 第 5.3.4 条的要求检查构造柱或芯柱,但6度不超过4层、7度不超过3层和8度不超过2层时,由于增加1层可能并没有提高抗震措施,故应按增加2层后的层数对待。

(4) B类多层砌体房屋的抗震承载力验算采用什么方法?

B类砌体房屋可按《建筑抗震设计规范》GB 50011中规定的方法进行墙体抗震承载力验算。当抗震措施不满足要求时,可按A类房屋第二级鉴定的综合抗震能力指数的方法综合考虑构造的整体影响和局部影响。

3) A、B类多层砌体房屋抗震鉴定方法有什么异同?

由上面的分析可以看出:无论是A类还是B类多层砌体结构房屋,其抗震鉴定均由第一级鉴定(或称为抗震措施鉴定)和第二级鉴定(或称为抗震承载力验算)组成,最后对结构的抗震能力进行综合评定。

所不同的是,对于A类多层砌体房屋,其鉴定方法可归纳为"逐级鉴定,综合评定"。因为在第一级鉴定时尚包括了抗震横墙间距和房屋宽度限值的鉴定内容,其本质上是对抗震承载力的简化计算。因此规定,对A类多层砌体房屋,只有第一级鉴定通过时,可不进行第二级鉴定。

对于B类多层砌体房屋,其鉴定方法可归纳为"并行鉴定、综合评定"。也就是说即便满足第一级鉴定的要求,也必须进行第二级的鉴定。

4) 单层砌体房屋应如何进行抗震鉴定?

(1) 当单层砌体房屋其横墙与《建筑抗震鉴定标准》GB 50023—2009第5章所述的"多层砌体结构"相当时,可比照第5章的"多层砌体结构"的相关规定进行抗震鉴定。

(2) 当单层砌体房屋属于开间很大的空旷房屋时,应依据《建筑抗震鉴定标准》GB 50023—2009第9章的"单层空旷房屋"的鉴定方法进行抗震鉴定。

5) 提醒读者特别注意:采用"楼层综合抗震能力指数法"时,无论后续工作年限是30或40年,地震作用均不能再进行折减,谨记。

6) 几个常遇问题的处理建议:

(1) A类多层砌体房屋第二级鉴定时,当横墙间距、墙体局部尺寸等超过《建筑抗震鉴定标准》GB 50023—2009表5.2.14-1及表5.2.14-2中不符合程度的范围时,应如何处理?

根据《建筑抗震鉴定标准》GB 50023—2009中表5.2.14-1注:"单项不符合的程度超过表内规定或不符合的项目超过3项时,应采取加固或其他相应措施",5.2.14-2注:"不符合程度超过表内规定时,应采取加固或其他相应措施。"即一般情况下,当超出表中不符合程度的范围时,需要对结构进行加固或其他相应措施,例如《建筑抗震鉴定标准》GB 50023—2009第5.2.10条规定:多层砌体房屋当遇到"房屋高宽比大于3,或横墙间距超过刚性体系最大值4m""纵横墙交接处连接不符合要求,或支承长度少于规定值的75%"等情况时,可不再进行第二级鉴定,但应评为综合抗震能力不满足抗震鉴定要求,且要求对房屋采取加固或其他相应措施。

(2) B类多层砌体抗震鉴定时如果抗震构造措施不满足要求,如何利用A类多层砌体的方法确定体系影响系数和局部影响系数?

《建筑抗震鉴定标准》GB 50023—2009中第5.3.12条明确指出:B类现有砌体房屋的抗震分析,可采用底部剪力法,并可按现行国家标准《建筑抗震设计规范》GB 50011规定只选择从属面积较大或竖向应力较小的墙段进行抗震承载力验算；当抗震措施不满足第 5.3.1～5.3.11 条要求时，可按本标准第 5.2 节第二级鉴定的方法综合考虑构造的整体影响和局部影响。即当 B 类多层砌体结构不满足抗震构造措施的情况下，在进行第二级鉴定抗震承载力验算时，可按 A 类建筑第二级鉴定的方法综合考虑构造的整体影响和局部影响，但由于 A、B 类多层砌体抗震措施的要求有些差异，具体到如何参考 A 类建筑鉴定时的体系影响系数、局部影响系数，需要设计人员根据实际情况来综合确定，下列做法可供读者参考。

比如，A 类多层砌体的房屋高宽比限值为 2.2，和设防烈度无关，而 B 类多层砌体的房屋高宽比限值随着所处区域设防烈度不同而有所不同（表 5.3.3-1），那么这时在参考 A 类体系影响系数查《建筑抗震鉴定标准》GB 50023—2009 中表 5.2.14-1 时，房屋高宽比 η 限值为 2.2，表中所列是当 $2.2<\eta<2.6$ 和 $2.6<\eta<3.0$ 两种情况时体系影响系数的取值，当为 B 类时，建议可以采用比例对应的方法进行 ψ_1 的取值（表 5.3.3-2）。其他不同于 A 类的影响系数也可以参考此法确定。

B 类房屋最大高宽比

表 5.3.3-1

烈度	6	7	8	9
最大高宽比	2.5	2.5	2.0	1.5

B 类建筑因高宽比不符合要求的体系影响系数值

表 5.3.3-2

项目	烈度	不符合的程度	ψ_1	影响范围
房屋高宽比 η	6、7	$2.5<\eta<3$	0.85	上部 1/3 楼层
		$3<\eta<3.4$	0.75	
	8	$2<\eta<2.4$	0.85	
		$2.4<\eta<2.7$	0.75	
	9	$1.5<\eta<1.8$	0.85	
		$1.8<\eta<2$	0.75	

事实上，我们在针对 A 类建筑查《建筑抗震鉴定标准》GB 50023—2009 表 5.2.14-1 和 5.2.14-2 时也有这样的规定："体系影响系数可根据房屋不规则性、非刚性和整体性连接不符合第一级鉴定要求的程度，经综合分析后确定；也可由《建筑抗震鉴定标准》GB 50023—2009 表 5.2.14-1 各项系数的乘积确定""局部影响系数可根据易引起局部倒塌各部位不符合第一级鉴定要求的程度，经综合分析后确定；也可由《建筑抗震鉴定标准》GB 50023—2009 表 5.2.14-2 各项系数中的最小值确定"。即这些系数本身就是需要设计人员根据不符合的程度进行判断确定的，而不是完全依赖于表中的数据，这也是规范一再强调抗震鉴定必须由具有设计资质单位的专业技术人员来进行的原因。

（3）如何对屋顶有局部突出结构的多层砌体结构房屋采用综合抗震能力指数方法进行第二级鉴定？

对于屋顶有局部突出结构的多层砌体房屋，采用综合抗震能力指数方法进行第二级鉴定时需要注意其用法。

综合抗震能力指数方法中要求结构质量和刚度沿高度分布比较均匀，各层层高和建筑面积基本相等。屋顶有局部突出结构的多层砌体房屋显然不满足"各层建筑面积基本相等"这一条件,即局部突出楼层和下一层的建筑面积相差较大,不能直接采用基准面积率的方法。故对于这种下部几层基本满足上述假定条件、有局部突出的房屋采用综合抗震能力指数方法进行第二级鉴定时应采用如下方法:

假定被鉴定对象包括屋顶突出部分共 n 层,计算下部 $n-1$ 层的楼层综合抗震能力指数时,按 $n-1$ 层的房屋,不包含屋顶突出部分的第 n 层,而是将局部突出部分作为静力荷载加到倒数第 $n-1$ 层,这样来进行下部 $n-1$ 层的楼层综合抗震能力指数计算。

计算局部突出顶层的楼层综合抗震能力指数时,则取 n 层模型进行计算,同时需要考虑局部突出部分 0.33 的局部影响系数。这样的做法和现行《建筑抗震设计规范》GB 50011 里对于局部突出地震作用放大和不下传的做法是一致的。

【工程案例】2022 年 8 月笔者应邀参加某砌体工程加固改造论证。

工程概况:本砌体结构建于 1983 年。为地上 3 层的砖混结构。

根据《检测鉴定报告》:砖的强度为 MU10,砂浆强度为 M3.3;楼板及屋面板为预制板,预制板型号不详。原结构设计资料缺失。东西总长 55.08m,南北宽 15.2m,高度 $3.6 \times 3 = 10.8$(m)。平面图如图 5.3.3-1 所示,现状图如图 5.3.3-2 所示。

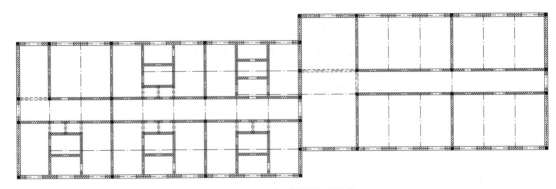

图 5.3.3-1　标准层平面示意

图 5.3.3-2　现状图

业主诉求:原建筑使用功能为宾馆,现拟改造为养老建筑。

经过检测鉴定：结构体系核查，经现场检查、检测，3号楼建造于1983年，为3层砖混结构。建筑呈矩形，总长为55.5m，宽为16.3m；抗震横墙最大间距为9.9m，房屋总高度与总宽度比值（高宽比）为0.864，房屋建筑面积为2512.5m²。一至三层净层高为3.4m，室外地面至檐口高度为10.5m。房屋采用纵横墙联合承重体系，外墙厚均为370mm，内墙厚均为240mm，设置有圈梁和构造柱。楼板、屋面板采用混凝土预制板。建筑的平面布置规则，竖向构件连续，传力路径明确。该建筑设计装修资料部分保存，结构设计资料缺失。

改为养老建筑（抗震设防按乙类考虑），横墙间距9.9m大于《建筑抗震鉴定标准》GB 50023—2009表5.2.2中A类砌体房屋刚性体系抗震横墙的最大间距要求。抗震设防乙类北京8度需要按9度执行7m（现场核实预制板上没有现浇结合面层），个别墙局部尺寸也不满足乙类建筑的要求。为了解决上述问题，甲方组织相关专家进行论证。

专家经过论证给出了如下意见及建议：

（1）养老建筑应按重点设防即乙类进行加固改造。

（2）加固设计按《建筑抗震鉴定标准》GB 50023—2009（A类建筑）执行。

（3）由于横墙间距及个别墙尺寸不满足乙类建筑抗震构筑要求，建议可采用楼层综合抗震能力指数法，按《建筑抗震鉴定标准》GB 50023相关规定，考虑体系影响系数、局部影响系数。

5.4 主体结构抗震措施鉴定

5.4.1 既有建筑抗震措施鉴定，应根据后续工作年限，按照建筑结构类型、所在场地的抗震设防烈度和场地类别、建筑抗震设防类别确定其主要构造要求及核查的重点和薄弱环节。

 延伸阅读与深度理解

1）建筑结构类型、所在场地的抗震设防烈度和场地类别、建筑抗震设防类别的不同，抗震构造要求不尽相同，其核查重点、薄弱环节不同。

2）需根据后续工作年限，对A、B、C类建筑区分具体情况。

3）本《通规》第5.1.4条："A类和B类建筑的抗震鉴定，应允许采用折减的地震作用进行承载力和变形验算，允许采用现行标准调低的要求进行抗震措施的核查，但不应低于原建造时的抗震设计要求"。那么，"调低标准的抗震措施"具体指哪些方面呢？

（1）A、B类建筑的抗震设防标准及其调整，在《建筑抗震鉴定标准》GB 50023—2009中已有明确说明（其实这些都是针对既有建筑是按《工业与民用建筑抗震设计规范》TJ 11—1974或《工业与民用建筑抗震设计规范》TJ 11—1978设计的建筑），此处的"允许采用现行标准调低的要求进行抗震措施的核查，但不应低于原建造时的抗震设计要求"（这个其实是指按《建筑抗震设计规范》GBJ 11—1989及以后规范设计建造的建筑），对按《建筑抗震设计规范》GB 50011—2001及以后版本规范设计建造的房屋而言是合适的，即《建筑抗震鉴定标准》GB 50023—2009中的C类建筑。

（2）抗震措施指"除地震作用和抗力计算以外的抗震设计内容"，包括了抗震概念设计、内力组合与调整、抗震构造措施。既有建筑的抗震鉴定与加固可根据建筑的具体特点从这三个方面调整设防标准。

① 对于扭转不规则问题

《建筑抗震鉴定标准》GB 50023—2009 中给出的扭转规则性要求条款，是沿用了《建筑抗震设计规范》GBJ 11—1989 的条文规定，只是给出了定性要求，要求在承载力验算时需考虑扭转效应，并未给出规则性的量化判断标准。直到《建筑抗震设计规范》GB 50011—2001 才给出了具体的量化指标，即大家熟知的扭转位移比 1.2 和 1.5。

对于 A、B 类建筑的加固改造，扭转位移比超是比较常见的（那个时候规范没有控制标准），实际工程中可以这样处理：

a. 不得因加固改造使原有的扭转不规则性加重；

b. 宜通过加固（如增、减抗震墙或支撑）减小原有的扭转不规则性；

c. 加固改造后的最大扭转位移比不应超过 1.4（高层）、1.5（多层）。

② 对于竖向不规则问题

既有建筑竖向不规则的情况应引起改造设计人员足够的重视。在抗震鉴定阶段，对于侧向刚度发生突变的楼层，可将较小刚度楼层的体系影响系数取 0.8 进行验算。在加固改造设计阶段，建议按现行国家标准《建筑抗震设计规范》GB 50011 的要求执行，可通过增加抗震墙或钢支撑提高刚度，单纯靠提高楼层承载力的方法是存在安全隐患的，因为大震下的塑性变形集中将导致该楼层构件的破坏，依然成为相对薄弱的楼层，严重者甚至发生倒塌，控制大震不倒是加固改造的基本要求。

③ 对于楼板不连续问题

近年来，结构的抗震加固已向"大拆大改"的建筑功能改造发展，由于水平、竖向交通的调整，楼板开大洞、不连续已成为改造设计师所关心的问题。楼板开大洞、不连续对建筑的抗震性能影响非常大，改造设计时应引起足够的重视。这类问题的解决方法是：

a. 适当提高《建筑抗震鉴定标准》GB 50023—2009 中抗震措施的要求，适度降低现行国家标准《建筑抗震设计规范》GB 50011 中抗震措施的要求，因此，本《通规》GB 55021—2021 中"降低标准"应理解为降低设计标准的要求，而不是鉴定标准的要求。

b. A 类钢筋混凝土结构的抗震等级，一般情况下按现行国家标准《建筑抗震设计规范》GB 50011 中的四级考虑，即对地震作用效应不进行调整。

c. B 类钢筋混凝土结构按现行《建筑抗震鉴定标准》GB 50023 中的规定确定。但对于结构大拆大改的工程，A 类钢筋混凝土结构至少应按抗震等级三级考虑，B 类钢筋混凝土结构应适当提高抗震等级。

d. 结构的整体分析对楼板不连续或开大洞的楼层应按弹性楼板考虑，对于楼板开洞、不连续严重超限的建筑，应保证设防地震（中震）作用下楼板处于弹性工作状态。

5.4.2　主体结构抗震鉴定时，应依据其所在场地、地基和基础的有利和不利因素，对抗震要求作如下调整：

1　在各类场地中，当建筑物有全地下室、箱基、筏基和桩基时，应允许利用其有利

作用，从宽调整主体结构的抗震鉴定要求；

2 对密集的建筑，包括防震缝两侧的建筑，应从严调整相关部位的抗震鉴定要求；

3 Ⅳ类场地、复杂地形、严重不均匀土层上的建筑以及同一主体结构子系统存在不同类型基础时，应从严调整抗震鉴定要求；

4 建筑场地为Ⅲ、Ⅳ类时，对设计基本地震加速度为 0.15g 和 0.3g 的地区，各类建筑的抗震构造措施要求应分别按抗震设防烈度 8 度（0.2g）和 9 度（0.4g）采用。

 延伸阅读与深度理解

1）本条针对既有建筑存在的有利和不利因素，对有关鉴定要求予以适当调整，笔者认为特别是既有建筑改造加固，为了尽量减少对既有结构的影响，应充分考虑其有利要素。

2）对有全地下室、箱基、筏基和桩基的建筑应允许放宽对主体结构的部分构造措施要求，如圈梁设置可按降低一度考虑，支撑系统和其他连接的鉴定要求，可在一度范围内降低，但构造措施不得全面降低。

3）抗震理论研究和震害教研均表明，上部结构的地震作用会通过基础反馈给地基，使地基发生变形，不仅改变了自由场地的地面运动特性，也延长了上部结构的自振周期，增加了整个体系的阻尼，会消耗了一部分地震能量，故柔软地基上的刚性建筑，按刚性地基分析的地震作用，可有明显折减。

基于此概念，现行《建筑地基基础设计规范》GB 50007 及《建筑抗震设计规范》GB 50011 均给出了相应的折减规定。

4）《建筑地基基础设计规范》GB 50007—2011 第 8.4.3 条：对四周与土层紧密接触带地下室外墙的整体式筏基和箱基，当持力层为非密实的土和岩石，场地类别为Ⅲ类和Ⅳ类，抗震设防烈度为 8 度和 9 度，结构基本周期处于特征周期的 1.2～1.5 倍范围时，按刚性地基假定计算的基底地震剪力、倾覆力矩可按设防烈度分别乘以 0.9 和 0.85 的折减系数。

5）《建筑抗震设计规范》GB 50011—2010（2016 年版）第 5.2.7 条规定的结构抗震计算，一般情况下可不计入地基与结构的相互作用影响；8 度和 9 度时建造于Ⅲ、Ⅳ类场地，采用箱基、刚性较好的筏基和桩箱联合基地的钢筋混凝土高层建筑，当结构基本周期处于特征周期的 1.2～1.5 倍范围时，若计入地基与结构动力相互作用影响，对刚性地基假定计算的水平地震剪力可按下列规定折减，其层间变形可按折减后的楼层剪力计算。

（1）高宽比小于 3 的结构，各楼层水平地震剪力折减系数可按下式计算：

$$\psi = \left(\frac{T_1}{T_1 + \Delta T} \right)^{0.9} \tag{5.4.2}$$

式中 ψ——计入地基与结构动力相互作用后的地震剪力折减系数；

T_1——按刚性地基假定确定的结构基本自振周期（s）；

ΔT——计入地基与结构动力相互作用的附加周期（s），可按表 5.4.2-1 采用。

附加周期
附加周期 表 5.4.2-1

烈度	场地类别	
	Ⅲ类	Ⅳ类
8	0.08	0.2
9	0.1	0.25

（2）高宽比不小于3的结构，底部的地震剪力按（1）款规定折减，顶部不折减，中间各层按线性插入折减。

（3）折减后各层的水平地震剪力，应符合《建筑抗震设计规范》GB 50011—2010（2016年版）第5.2.5条的规定。

6）《建筑抗震设计规范》GBJ 11—1989 第4.2.6条：结构抗震计算，一般情况下可不计入地基与结构相互作用影响；Ⅲ、Ⅳ类场地上，采用箱基、刚性较好的筏基的钢筋混凝土高层建筑，若考虑地基与结构相互作用影响，按刚性地基假定分析的水平地震作用，根据结构和场地的不同，可折减10%～20%，其层间变形可按折减后的楼层剪力计算。

7）应用须注意以下事项：

（1）由于地基和结构动力相互作用的影响，按刚性地基分析的水平地震作用在一定范围内有明显的折减。考虑到我国的地震作用取值与国外相比还较小（注意：这个是基于《建筑抗震设计规范》GB 50011—2010），故仅在必要时才利用这一折减。笔者认为，现在本《通规》GB 55021—2021实施后，我国的地震作用取值已经有了进一步提高，对于既有建筑改造完全可以考虑这一要素。

（2）研究表明，水平地震作用的折减系数主要与场地条件、结构自振周期、上部结构和地基的阻尼特性等因素有关，柔性地基上的建筑结构的折减系数随结构周期的增大而减小，结构越刚，水平地震作用的折减量越多。

（3）研究表明，折减量与上部结构刚度有关，同样高度的框架结构，其刚度明显小于剪力墙结构，水平地震作用的折减量也减少。

（4）《建筑抗震设计规范》GBJ 11—1989 在统计分析及参考国外资料的基础上就建议，框架结构折减10%，剪力墙结构折减15%～20%。具体如表5.4.2-2所示。

地基与结构互相作用折减系数 表 5.4.2-2

结构类型 / 场地类别	框架	框架—剪力墙	剪力墙	结构基本周期 T_1 的范围
Ⅲ	1.0	0.9	0.85	$6H/V_{sm} > T_1 > 1.2T_g$
Ⅳ	0.9	0.85	0.8	$6H/V_{sm} > T_1 > 1.2T_g$

注：H—建筑高度（m）；V_{sm}—土层平均剪切波速（m/s）；T_g—场地特征周期（s）。

（5）特别注意：《建筑抗震设计规范》GB 50011—2010（2016年版）第5.2.7条与《建筑地基基础设计规范》GB 50007—2011第8.4.3条不能同时采用。

8）对密集建筑群中的建筑，根据实际情况对较高的建筑的相关部分，以及防震缝两侧的房屋局部区域，构造措施从严考虑。

9）对建在Ⅳ类场地、复杂地形、不均匀地基上的建筑以及同一建筑单元存在不同类型基础时，应考虑地震影响复杂和地基整体性不足等的不利影响。这类建筑要求主体结构的整体性更强一些，或抗震承载力有较大富余，一般可根据建筑实际情况，将部分抗震构造措施的鉴定要求按提高一度考虑，例如增加地基梁尺寸、配筋和增加圈梁数量、配筋等的鉴定要求。

10）对建造于 7 度（0.15g）和 8 度（0.3g）设防区的既有建筑，当场地类别为Ⅲ、Ⅳ类时，与现行设计标准协调，也要求分别按 8 度（0.2g）和 9 度进行鉴定。

笔者认为，这条过于严厉（这里可是强制性规定，必须执行），但在《建筑与市政工程抗震通用规范》GB 55002—2021 里没有这个要求，仅在《建筑抗震设计规范》GB 50011—2010（2016 年版）中提到：新建建筑遇到此类情况也仅是"宜"提高 1 度采取抗震构造措施。

5.4.3 当主体结构抗震鉴定发现建筑的平立面、质量、刚度分布或墙体抗侧力构件的布置在平面内明显不对称时，应进行地震扭转效应不利影响的分析；当结构竖向构件上下不连续或刚度沿高度分布有突变时，应查明薄弱部位并按相应的要求鉴定。

 延伸阅读与深度理解

1）建筑的平立面、质量、刚度分布或墙体抗侧力构件的布置在平面内的对称性对建筑抗震极其重要，在出现明显不对称情况时，需进行专门分析。

2）本条主要从平立面和墙体布置、结构体系、构件变形能力等方面，概括了抗震鉴定时宏观控制的概念性要求，即检查既有建筑是否存在影响其抗震性能的不利因素。

3）对于既有建筑需要结合后续工作年限及采用的加固标准来进行综合分析确定。

4）问题讨论："既有建筑改造遇到不规则项超限"是否需要进行抗震超限论证？

其实这个问题加固改造会经常遇到，主要是因为以前的规范对规则性限值比较松，且很多仅是概念性要求，这样在后期改造中就会遇到规则性超限问题。

（1）对于这个问题，的确目前没有明确规定，是需要还是不需要？

（2）近年一些工程案例，业界一般这样处理：如果本次改造没有引起不规则性数量进一步增加，或原有的不规则加重，可以不进行特别处理，如果是因为本次改造引起的不规则或某些不规则加重，则原则上需要进行分析论证，采取必要的加强措施。

【工程案例 1】如笔者在 5.1.4 条所举【工程案例】，高层建筑，第一周期为扭转问题（《建筑抗震设计规范》GB 50011—2010 及以后规范是不允许出现的，必须进行调整）。

【工程案例 2】2022 年 11 月 18 日笔者受邀参加的北京某工程论证会。

工程概况：设计于 2013 年，原设计为北京某大设计院。建筑功能为高层商业建筑，设防类别为乙类。

2022 年改造时设计院提出：本次改造前先对原结构进行模型复盘，发现有以下几项不规则项：原建筑不规则项若计为三项，即位移比项，楼板不连续项，局部柱转换、局部穿层柱项，原设计未见超限设计相关说明，且原施工图已经通过施工图外审且合格，本次改造加固可否不考虑。

与会专家一致认为，如果这些超限项是既有建筑客观存在，并非本次改造引起，可以不予考虑。

5.4.4 核查结构体系时，应查明其破坏时可能导致整个体系丧失抗震能力的部件或构件；当房屋有错层或不同类型结构体系相连时，应提高其相应部位的抗震鉴定要求。

 延伸阅读与深度理解

1）对于既有建筑需要结合后续工作年限及采用的加固标准来进行综合分析确定。

2）当然，由于设计标准在不断变化，可能加固采用的原有标准对这些问题没有具体规定，此时也宜参考现有规范对关键部位进行合理把控。

3）检测、鉴定也应对关键部位、关键构件进行重点检测、鉴定，并应提高鉴定要求。

5.4.5 主体结构的抗震措施鉴定，应根据规定的后续工作年限、设防烈度与设防类别，对下列构造子项进行检查与评定：

1 房屋高度和层数；

2 结构体系和结构布置；

3 结构的规则性；

4 结构构件材料的实际强度；

5 竖向构件的轴压比；

6 结构构件配筋构造；

7 构件及其节点、连接的构造；

8 非结构构件与承重结构连接的构造；

9 局部易损、易倒塌、易掉落部位连接的可靠性。

 延伸阅读与深度理解

1）本条系鉴定概念在不同结构类型房屋的具体化，明确了抗震构造措施鉴定时重点检查的主要项目。

2）对于既有建筑需要结合后续工作年限及采用的加固标准来进行综合分析确定。

3）当然，由于设计标准在不断变化，可能加固采用的原有标准对这些问题没有具体规定，此时也宜参考现有规范对关键部位进行合理把控。

4）为什么在不同的设防烈度区，钢筋混凝土房屋重点检查的部位不同？

钢筋混凝土房屋的震害特征与多层砌体房屋截然不同。

多层砌体房屋遭受不同烈度的地震影响时，其破坏部位差别不大，主要集中在房屋四角（这就是为何《建筑抗震设计规范》GB 50011规定砌体结构不应采用转角窗的主要原因）、底层及大开间的墙体，但随着地震烈度的增大其破坏程度也明显加重，但破坏的部位比较类似。

钢筋混凝土房屋的震害部位与其遭遇的地震影响力大小关系较大。一般来说，遭遇低烈度地震作用时，主要是非结构构件的开裂、破坏和倒塌，遭遇高烈度地震作用时主体结构会遭受不同程度的破坏。因此，对于 6 度设防区，重点检查的部位是局部易掉落伤人的构件或部件以及楼梯间非结构构件的连接构件；7 度时则尚需检查梁柱节点的连接方式（刚接还是铰接）；8、9 度抗震设防区，除非结构构件破坏较严重外，主体构件也会发生严重破坏，因此需要落实结构体系的规则性、构件的强度等级与配筋等内容。

5）混凝土框架结构与砌体结构相连时如何进行抗震鉴定？

《建筑抗震鉴定标准》GB 50023—2009 规定了框架结构与砌体结构相连时的鉴定方法；当砌体结构与混凝土框架结构相连或依托于框架结构时，应加大砌体结构所承担的地震作用（一般采用水泥钢筋网或混凝土夹板墙等加固），再按《建筑抗震鉴定标准》GB 50023—2009第 5 章多层砌体房屋的规定进行抗震鉴定；对钢筋混凝土框架的鉴定，应计入两种不同体系的结构相连导致的不利影响。

这种钢筋混凝土框架与砌体结构相连的既有建筑多出现在 20 世纪 80 年代以前。这样的结构形式，当混凝土框架与砌体结构毗邻且共同抗水平力时，砌体部分由于其抗侧刚度相对较大从而分担了钢筋混凝土框架的一部分地震作用，其受力状态与单一砌体结构有所不同，即它承担了更多的地震剪力；而钢筋混凝土框架部分也因二者侧移的协调而在连接部位形成附加内力。所以，在抗震鉴定时要适当考虑。这里所谓"适当考虑"就是指可以借鉴底部框架结构砌体抗震墙和框架分担地震作用的计算方法，但也需要注意：像这种钢筋混凝土框架与砌体结构相连的结构形式并不像底部框架结构一样砌体抗震墙和框架的布置相对均匀、规则，而是仅在某一方向相连，因而砌体部分分担框架部分的地震作用是有限的，故需要改造设计人员根据具体的各种边界条件区别对待和分析，不能一概而论。

第6章 既有建筑加固

6.1 一般规定

6.1.1 既有建筑经技术鉴定或设计确认需要加固时，应依据鉴定结果和委托方的要求进行整体结构、局部结构或构件的加固设计和施工。

 延伸阅读与深度理解

1）本条规定了先鉴定后加固的工作程序。

2）将加固根据具体情况和需求分为整体加固、局部加固和构件加固。

3）具体工程加固范围需要结合鉴定报告结论及后续改造需要综合考虑。

6.1.2 加固设计应明确结构加固后的用途、使用环境和加固设计工作年限。加固设计工作年限内，未经技术鉴定或设计许可，不得改变加固后结构的用途和使用环境。

 延伸阅读与深度理解

1）按照国务院《建设工程质量管理条例》的规定，结构设计文件应当符合国家规定的设计深度要求，注明工程工作年限。原则上加固改造设计工作年限越长越好，但考虑既有建筑各种复杂的边界条件，综合确定合理的加固改造设计工作年限，切记无论任何情况均不得小于既有建筑后续设计工作年限。

2）结构改造改变建筑用途、使用条件和使用环境对结构安全性具有显著影响，因此必须严格执行。

3）在加固设计工作年限内，未经技术鉴定或设计许可，依然不得改变加固后结构的用途和使用环境。

4）另外，对于加固改造的建筑在后续工作年限内，也应进行定期维护、检查，发现问题应及时处理。

6.1.3 加固既有建筑主体结构时，应按下列规定进行设计计算：

1 结构上的作用应经调查、检测核实，并应符合现行标准的规定；

2 加固设计计算时，结构构件的尺寸应根据鉴定报告结果综合确定，并应计入实际荷载偏心、结构构件变形造成的附加内力；

3 原结构、构件的材料强度等级和力学性能标准值，应结合原设计文件和现场检测综合取值；

4 加固材料性能的标准值应具有按规定置信水平确定的95%的强度保证率；

5 验算结构、构件承载力时，应计入应变滞后的影响，以及加固部分与原结构共同工作程度；

6 当加固后改变传力路线或使结构质量增大时，应对相关结构构件及建筑物地基基础进行验算。

 延伸阅读与深度理解

1）本条对既有建筑主体结构的加固验算作了详细而明确的规定。

2）需指出的是，其中大部分计算参数已在结构加固前的鉴定中通过实测或验算予以确定。因此，在进行结构加固设计时，应尽可能加以引用，这样不仅节约时间和费用，而且在日后被加固结构万一出现问题时，也便于分清责任。

3）结构、构件的尺寸，对原有部分应根据鉴定报告采用原设计值或实测值；对新增部分，应采用加固设计文件给出的设计值；但均应计入实际荷载偏心、结构构件变形造成的附加内力。

4）原结构、构件的材料强度等级和力学性能标准值，应按下列规定取值：

（1）当原设计文件有效，且不怀疑结构有严重性能退化时，允许采用原设计的标准值；

（2）当结构安全性鉴定认为应重新进行现场检测时，应采用检测结果推定的标准值。

5）加固材料的性能和质量，应符合本规范的规定；其性能的标准值应按国家现行有关工程结构加固材料安全性鉴定技术标准确定；其性能的设计值应按本规范相关章节的规定采用。

6）验算结构、构件承载力时，应考虑原结构在加固时的实际受力状况，包括加固部分应变滞后的影响，以及加固部分与原结构的共同工作程度。

7）加固后改变传力路线或使结构质量增大时，应对相关结构、构件及建筑物地基基础进行验算。

8）对于参与抗震的构件的加固，除应满足承载力要求外，尚应验算其抗震能力；且不应存在因局部加强或刚度突变而形成的新薄弱部位。

9）特别注意：框架结构上应避免加固后形成短梁、短柱或强梁弱柱。

10）根据国内外众多震害教训及概念设计提出，对抗震设防区的结构、构件单纯进行承载力加固，未必对整体抗震有利。因为局部的加强或刚度的突变，会形成新的薄弱部位，或导致地震作用效应的增大，故必须在从事承载力加固的同时，考虑其抗震能力是否需要加强。同理，在从事抗震加固的同时，也应考虑其承载力是否需要提高。倘若忽略了这个问题，将会因原结构、构件承载力的不足，而使抗震加固无效。两者相辅相成，在结构、构件加固问题上，必须考虑周到，决不可就事论事，片面地采取加固措施，以致留下安全隐患。

11）由于线弹性分析法是最成熟的结构加固分析方法，迄今为国内外结构加固设计规范和指南等广泛采用。因此，在一般情况下，应采用线弹性分析方法计算被加固结构的作用效应。

12）至于塑性内力重分布分析方法，由于到目前为止仅见在增大截面加固法中有所应用，所以规范未作具体规定。即使增大截面法，在考虑塑性内力重分布时，也应符合现行有关规范对这种分析方法的相关规定。

13）如果设计人员认为其所采用的加固法需要考虑塑性内力重分布分析进行计算，应有可靠的试验依据，以确保结构加固安全。

6.1.4 既有建筑的加固设计，应与实际施工方法相结合，采取有效措施保证新增构件和部件与原结构连接可靠，新增截面与原截面连接牢固，形成整体共同工作，并应避免对地基基础及未加固部分的结构、构件造成不利影响。

 延伸阅读与深度理解

1）在当前结构加固设计领域，经验不足的设计人员仍占比较大，致使加固工程中"顾此失彼"的失误案例时有发生，为保证加固工程的安全，作出此条规定。

2）随着我国经济的快速发展和人民生活水平的提高，建筑装饰装修改造已经成为一个重要的行业。建筑装饰装修行业为公众营造出了舒适的居住和生活空间，已成为现代生活中不可或缺的一个组成部分。但是，在装饰装修活动中也存在一些不规范甚至相当危险的做法。如，随意拆改承重墙、楼板，任意在梁上开洞等现象。以下提供一组来自网络的图示（图 6.1.4-1）。

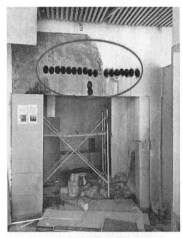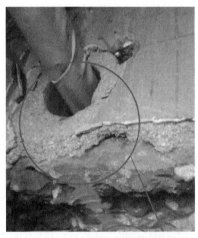

图 6.1.4-1 来自网络的一些梁开洞图片（一）

图 6.1.4-1 来自网络的一些梁开洞图片（二）

笔者观点及建议：这样的装修改造，梁上开洞，不仅影响构件安全，且危及整个结构的安全，切勿因盲目任意为之，建议凡是涉及结构构件改造的，应找专业人士进行合理设计，以免酿成大祸，后悔莫及。

【举例说明】如某工程改造之后，经过分析计算，发现原结构柱或框架梁纵向钢筋不够，此时经常会看到设计人员仅把柱或框架梁的纵向钢筋加大，并未对原构件箍筋进行核算。这样表面看似没有问题，其实从抗震概念设计分析来看，是存在安全隐患的，违背了抗震概念设计要求的"强剪弱弯""强柱弱梁"的理念。

【问题咨询案例】2020 年 12 月有位读者咨询笔者：魏总，某工程采用图 6.1.4-2 所示的植筋加固，是否可行？

图 6.1.4-2 某工程植筋照片

笔者告诉这位朋友：这叫"万箭穿心"吧！

作者的观点是，加固改造工程，能不改尽量不改，能不拆尽量不拆，能不加尽量不加，特别是加固方案尽量优先选择对原结构及构件破坏小的方案。如能不在主要构件上植筋或植锚栓的尽量不采用等。

【工程案例 1】2020 年笔者单位承担的北京某加固改造工程，由于荷载增加原结构框架梁（600mm×500mm）底筋配筋严重不足，加固改造后梁截面为600mm×800mm，如图6.1.4-3、图6.1.4-4所示，设计师就很简单地表示为，底部钢筋全部采用化学植筋植入原框架柱（900mm×900mm）。

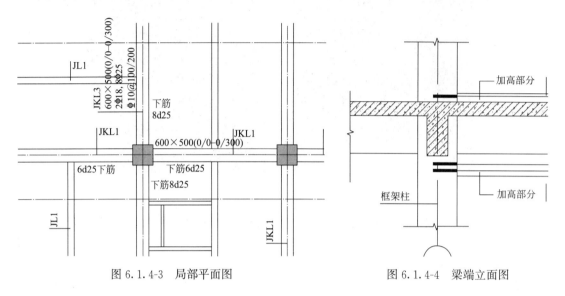

图6.1.4-3　局部平面图　　　　　　　　图6.1.4-4　梁端立面图

显然，这个是无法实现的，在柱的一个平面需要钻6+8=14（个）直径28mm的洞，先不说施工的难度和可实施性（施工单位已经提出无法施工），试想一下，对原结构柱有多么大的损伤。

笔者建议设计可以按下面的思路处理，以便尽量减少对原结构的损伤。

（1）按支座计算确定伸入柱的钢筋数量。

（2）考虑本工程柱截面较大，建议把新加梁的底筋一部分采用图6.1.4-5中的③大样处理，剩余可以按①大样处理，这样就大大减少了对原柱的损伤。

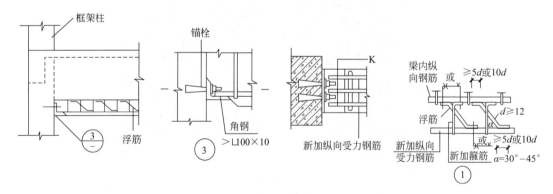

图6.1.4-5　框架梁底筋与柱的锚固示意

（3）当然，当柱截面不大时也可采用图6.1.4-6所示的方法。

【工程案例2】2020年笔者单位改造加固的北京某高层框剪结构，由于新功能需要在2层顶转换一道原剪力墙，如图6.1.4-7所示，为了尽可能减小对原结构梁柱的破坏，笔者建议采用图6.1.4-8所示加固方式（类似于格构式柱），笔者认为这应该是一种新型方式。

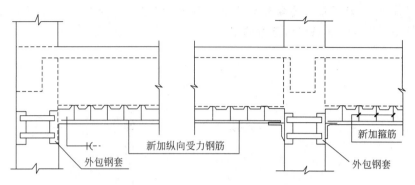

图 6.1.4-6　框架梁与柱的锚固示意

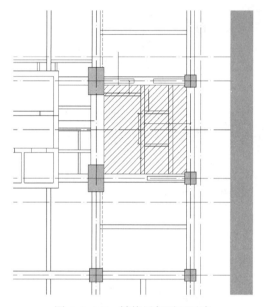

图 6.1.4-7　转换局部平面示意

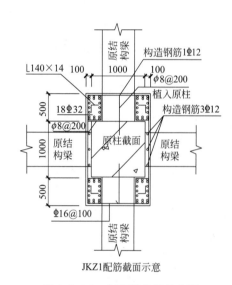

JKZ1配筋截面示意

图 6.1.4-8　加固转换柱放大图

6.1.5　加固前应按设计的规定卸除或部分卸除作用在结构上的荷载。

 延伸阅读与深度理解

1）在加固工程中按设计规定卸除或部分卸除作用在结构上的荷载，是为了减少二次受力的不利影响，充分发挥加固部分的作用，使得加固部分与原构件协同受力。

2）有时受各种边界条件限制，无法卸除或部分卸除作用在被加固构件上的荷载，此时应采取临时措施先支撑被加固构件，在加固强度满足设计要求后，方可拆除这些临时措施。

【工程案例】2021 年笔者受邀参加北京某工程"拔柱加固"方案评审。

1）项目现状概况：本项目塔楼地下 4 层，地下 3 层为车库，对应塔楼地下一层的车库上方为 3.9m 左右的覆土，待拆除柱位于 7-34 轴交 5-AH 轴（7-34 轴交 9-G～2/7-A0）之间，如图 6.1.5-1、图 6.1.5-2 所示。原结构设计图纸并没有该柱子（地下四层图纸也没有体现有柱子），目前施工完成后该处地下二至四层有柱，影响车库车道正常使用，现甲方想要拆除地下二、三层该位置处的柱子。

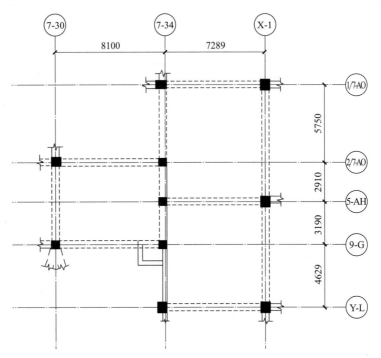

图 6.1.5-1　地下二层顶板相关范围结构布置图

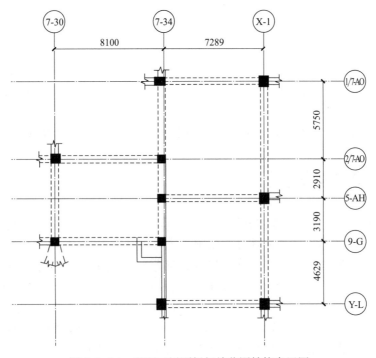

图 6.1.5-2　地下三层顶板相关范围结构布置图

2) 检测鉴定。

依据笔者要求，甲方委托某检测鉴定单位对此梁进行现场检测及鉴定，笔者的要求是：

(1) 检测需要拔柱的这两跨梁的钢筋配置情况、混凝土强度等。

(2) 检测这两跨梁底筋在需要拔柱节点是否连续？

检测单位现场检测，并对局部采用凿除法，如图 6.1.5-3 所示。

图 6.1.5-3　节点局部凿除图

检测鉴定结论：经现场调查，地下二层及地下三层部分框架梁下筋最外侧钢筋贯通于梁柱节点区，且不存在套筒连接、搭接等情况；地下二层及地下三层部分框架梁下筋向下弯，锚入梁柱节点区；地下二层及地下三层部分梁柱节点区不存在框架梁箍筋；框架梁端部存在箍筋加密区。

3) 专家结合设计院加固方案及施工方案提出的建议及意见：

(1) 考虑现场实际情况，采用不挖出覆土的加固思路可行。

(2) 建筑按照以下建议完善设计及施工方案：

① 地下二层顶板的框架梁可根据现有支座上筋进行调幅，调幅后的总弯矩不应小于调幅前的计算值；根据加高后的梁复核梁底部钢筋，下筋根据计算需要确定锚入柱中的钢筋数量，加固改造适当考虑次梁对主梁传递的扭剪作用。

② 新旧混凝土结合面除粗糙面外要增加凿槽或植短钢筋措施。

③ 建议新增梁高采用灌浆料，且明确灌浆料材料性能要求，并提出必要的养护时间要求。

(3) 建议按以下意见复核施工方案：

① 明确层层连续支撑的要求，支撑可采用圆钢管。

② 施工期间要持续进行监测，发现异常时及时启动应急预案。

③ 现场支撑后拆柱时复核地下二层和地下三层框架梁下筋连续性，并及时通知监测、鉴定、设计单位。

④ 加固改造完成后且监测稳定时方可拆支撑，拆支撑顺序为先拆地下二层，后拆地下三层。

6.1.6 对高温、高湿、低温、冻融、化学腐蚀、振动、收缩应力、温度应力、地基不均匀沉降等影响因素引起的原结构损坏，应在加固设计中提出有效的防治对策，并按设计规定的顺序进行治理和加固。

 延伸阅读与深度理解

1）本条引自《混凝土结构加固设计规范》GB 50367—2013 第 3.1.4 条（非强条）。

2）由高温、高湿、冻融、冷脆、腐蚀、振动、温度应力、收缩应力、地基不均匀沉降等原因造成的结构损坏，在加固时，应采取有效的治理对策，从源头上消除或限制其有害的作用。与此同时，尚应正确把握处理的时机，使之不致对加固后的结构重新造成损坏。

3）一般概念而言，通常应先治理后加固，但也有一些防治措施可能需在加固后采取。因此，在加固设计时，应合理地安排好治理与加固的工作顺序，以使这些有害因素不至于复萌。这样才能保证加固后结构的安全和正常使用。

【工程案例】笔者单位承接的 2020 年北京某既有建筑改造工程。

框架柱检测结果：

检测公司于 2020 年 9 月 23 日及 28 日检测发现 20 层 3 轴×C 轴、2 轴×J 轴、3 轴×J 轴、4 轴×J 轴框架柱（如图 6.1.6-1 云线处）从梁下端向下 1500mm 区域内均存在混凝土疏松、起砂、掉皮及钢筋轻微锈蚀现象，已影响混凝土现龄期强度（图 6.1.6-2）。取芯检测发现混凝土疏松厚度为 86～100mm 范围，详见图 6.1.6-3、图 6.1.6-4。

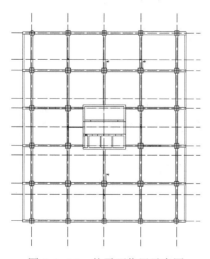

图 6.1.6-1 柱平面位置示意图

图 6.1.6-2 柱外观质量图

建议对上述框架柱疏松区域深度 100mm 范围内的混凝土进行置换处理，钢筋进行除锈处理。

基于工程现状及检测单位建议，我司决定采用如下思路进行处理：

（1）在以上柱处理前请施工单位做好临时支撑，确保结构施工安全。

图 6.1.6-3 柱混凝土取芯现状

图 6.1.6-4 柱局部现场放大图

（2）彻底凿除已经疏松、起砂、掉皮的混凝土至密实表面，且每层剔凿深度不小于 100mm，注意保护好原钢筋。

（3）对已经生锈的钢筋进行除锈处理。

（4）采用高压水冲洗浮尘等。

（5）待表面干燥后涂刷混凝土界面剂。

（6）采用强度不低于 C45 混凝土的 CGM 灌浆料灌实至原柱截面。

（7）柱四角打磨为半径不小于 25mm 的圆弧。

（8）施工养护不少于 7d。

（9）采用碳纤维布环向围束加固柱，具体参见图 6.1.6-5 所示。

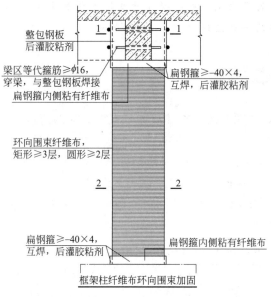

图 6.1.6-5 碳纤维加固柱示意（一）

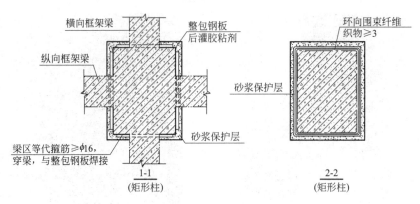

图 6.1.6-5 碳纤维加固柱示意（二）

6.1.7 对加固过程中可能出现倾斜、失稳、过大变形或坍塌的结构应在加固设计文件中提出相应的临时性安全措施。

 延伸阅读与深度理解

1）为保证工程安全，在有安全隐患的加固工程中，临时性安全措施是必不可少的，应明确要求施工单位严格执行。

2）本条摘自《混凝土结构加固设计规范》GB 50367—2013 第 3.1.6 条（非强条）。

3）加固改造设计师应依据加固改造的各种边界条件，对施工单位提出临时支撑的需要。必要时需要出具临时支撑施工图。

6.1.8 以增大截面法、置换混凝土法、粘贴钢板法、粘贴碳纤维复合材法加固混凝土构件时，被加固的混凝土结构构件，其现场实测混凝土强度推定值不得低于 13MPa；采用胶粘加固时，混凝土表面的正拉粘结强度平均值不得低于 1.5MPa，且不得用于素混凝土构件以及纵向受力钢筋一侧配筋率小于 0.2% 的构件。

 延伸阅读与深度理解

1）在加固工程中，对原结构、构件混凝土强度的最低值进行限制，主要是为了保证新旧材料界面的粘结性能，使其结合面能够可靠地传力、协同地工作。

2）这里的要求，"被加固的混凝土结构构件，其现场实测混凝土强度推定值不得低于 13MPa"，实际上在《钢筋混凝土结构设计规范》TJ 10—1974 中 150 号混凝土相当于现在的 C13。《钢筋混凝土结构设计规范》TJ 10—1974 与《混凝土结构设计规范》GB 50010—2010 混凝土强度指标换算见表 6.1.8。

TJ 10—1974 与 GB 50010—2010 中混凝土强度等级对照 表 6.1.8

TJ 10—1974	100	150	200	250	300	400	500	600
GB 50010—2010	C8	C13	C18	C23	C28	C38	C48	C58

3）在实际工程中，有时会遇到既有结构的混凝土强度低于现行设计规范规定的最低强度等级的情况。

如果既有结构混凝土强度过低，它与钢板的粘结强度也必然很低。此时，极易发生呈脆性的剥离破坏。故本条规定采用胶粘加固时，混凝土表面的正拉粘结强度平均值不得低于 1.5MPa。

4）胶粘加固也不适用于素混凝土及最小配筋率小于 0.2％的构件。

5）【问题讨论】2022 年 10 月有位审图专家咨询笔者这样一个问题

《既有建筑鉴定与加固通用规范》GB 55021—2021 第 6.1.8 条规定，植筋不得植入素混凝土内，框柱扩大断面植筋入独基内，算不算植入素混凝土？我认为可以植入，因为一般独立基础尺寸都很大的，边距远远>5d。

我们先看各相关规范的说法。

1）《混凝土结构加固设计规范》GB 50367—2013

15 植筋技术

15.1.1 本章适用于钢筋混凝土结构构件以结构胶种植带肋钢筋和全螺纹螺杆的后锚固设计；不适用于素混凝土构件，包括纵向受力钢筋一侧配筋率小于 0.2％的构件的后锚固设计。素混凝土构件及低配筋率构件的植筋应按锚栓进行设计。

此条条文解释：植筋技术之所以仅适用于钢筋混凝土结构，而不适用于素混凝土结构构件和过低配筋率的情况，是因为这项技术主要用于连接原结构构件与新增构件，只有当原构件混凝土具有正常的配筋率和足够的箍筋时，这种连接才是有效而可靠的。与此同时，为了确保这种连接承载力的安全性，还必须按充分利用钢筋强度和延性的破坏模式进行计算。但对素混凝土构件来说，并非任何情况下都能做到。因为在素混凝土中要保证植筋的强度得到充分发挥，必须有很大的间距和边距，而这在建筑结构的构造上往往难以满足。此时，只能改用按混凝土基材承载力设计的锚栓连接。

笔者解读：由以上条文解释来看，显然这位朋友咨询的这个问题，无法满足：有足够的箍筋（笔者认为这个说法不合理，如果这样对于基础或混凝土墙均不能采用植筋了吧），植筋间距足够大的条件。

2）《混凝土结构设计规范》GB 50010 对素混凝土结构的定义：

无筋或不配受力钢筋的混凝土结构。

3）笔者个人对这个问题的看法：

（1）首先还是要区分独立柱基的几种情况。

第一种情况：如果是图 6.1.8-1 这样的独立基础，的确上部一般没有钢筋，如果采用加大截面法加固柱，显然是不能采用植筋的，此时建议采用植入锚栓。

第二种情况，对于图 6.1.8-2 所示的带有短柱的独立基础，显然是可以采用植筋技术加大柱截面的。

第三种情况，如图 6.1.8-3 所示，为独立基础＋放水板形式的构造，这种情况下，笔者认为也是可以采用植筋法加大柱截面的。

（2）提醒读者注意，图集 13G311-1 中是如图 6.1.8-4 所示的加大柱截面法。

由此图看，显然图集认为是可以的，但并不满足规范要求，提请各位特别注意，图集是不对工程安全负责的，工程安全由设计人负责。

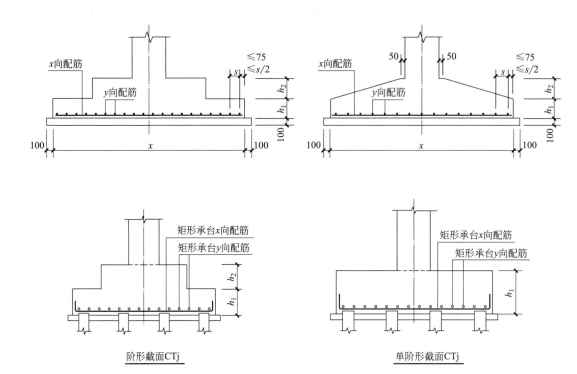

图 6.1.8-1　常见的几种独立基础

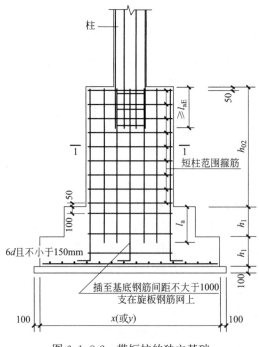

图 6.1.8-2　带短柱的独立基础

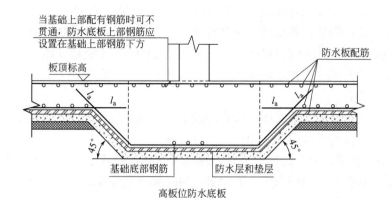

图 6.1.8-3　地下室防水底板 FSB 与各类基础的连接构造

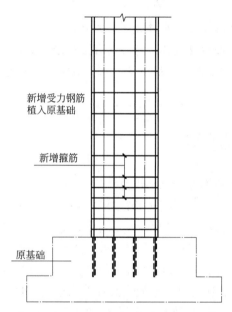

图 6.1.8-4　新增受力钢筋植筋锚

6.1.9　采用结构胶粘结加固结构构件时，应对原结构构件进行验算；加固后正截面受弯承载力应符合现行标准的规定，并应验算其受剪承载力。

 延伸阅读与深度理解

1）为防止使用结构胶或其他聚合物的结构加固部分意外失效而导致建筑物坍塌，参考 ACI 440 等国外标准，要求设计者对原结构、构件提供附加的安全保护，要求采用结构胶加固的原结构、构件必须具有一定的承载力，以便在结构加固部分意外失效时也能继续承受永久荷载和少量可变荷载的作用。

2）本条还规定了结构胶粘结加固结构构件时，其正截面承载力的提高幅度限制，其目的是控制加固后构件裂缝宽度和变形，也是为了强调"强剪弱弯"设计原则的重要性。

3)《混凝土结构加固设计规范》GB 50367—2013 的第 9.2.11 条及第 10.2.10 条均要求钢筋混凝土构件加固后，其正截面受弯承载力的提高幅度，不应超过 40%，并验算其受剪承载力，避免受弯构件承载力提高后导致构件受剪破坏先于受弯破坏。

4)【问题讨论】实际工程加固时如果遇到超过 40%应如何对待？

笔者建议如下：

（1）如果遇到构件加固后受弯承载力超过 40%，应优先考虑采用其他加固方法，如增大截面法或采用外包型钢加固法、体外预应力法等。

（2）如果采用（1）的方法确有困难，难以实现时，笔者认为也可按实际计算需要配置，但需要满足加固后"强剪弱弯"的要求，同时梁的总最大配筋率（可按折算考虑）不应大于最大配筋率的要求。

6.2　材料

6.2.1　结构加固用的混凝土，应符合下列规定：

1　混凝土强度等级应高于原结构、构件的强度等级，且不低于最低强度等级要求；

2　加固工程使用的混凝土应在施工前试配，经检验其性能符合设计要求后方允许使用。

 延伸阅读与深度理解

1）本条来自《混凝土结构加固设计规范》GB 50367—2013　第 4.1.1 条（非强条）。

2）结构加固用的混凝土，其强度等级之所以要比原结构、构件高，除了保证新旧混凝土界面以及它与新加钢筋或其他加固材料之间能有足够的粘结强度外，还因为局部新增的混凝土，其体积一般较小，浇筑空间有限，施工条件远不及全构件新浇的混凝土。调查和试验表明，在小空间模板内浇筑的混凝土均匀性较差，其现场取芯确定的混凝土强度可能要比正常浇筑的混凝土低 10%以上，故有必要适当提高其强度等级。

3）随着商品混凝土和高强混凝土大量进入建设工程市场，《混凝土结构加固技术规范》CECS 25—1990 第 2.2.7 条："加固用的混凝土中不应掺入粉煤灰等混合材料"的规定经常受到工程施工方质询，纷纷要求相关各方采取积极的措施予以解决。为此《混凝土结构加固设计规范》GB 50367—2013编制组对（CECS 25—1990）第 2.2.7 条的背景进行了调查，并从中了解到主要是由于 20 世纪 80 年代工程上所使用的粉煤灰，其质量较差，烧失量过大，致使掺有粉煤灰的混凝土，其收缩率可能达到难以与原结构构件混凝土相适应的程度，从而影响结构加固的质量。

基于《混凝土结构加固设计规范》GB 50367—2013 编制组对加固工程采用粉煤灰作了专题的分析研究，其结论表明：只要使用的是 I 级灰，且限制其烧失量在 5%范围内，便不致对加固工程后的结构产生明显的不良影响。为此，现行《混凝土结构加固设计规范》GB 50367—2013第 4.1.2 条：结构加固用的混凝土，可使用商品混凝土，但所掺的粉煤灰应为 I 级灰，且其烧失量不应大于 5%。

提醒相关人员特别注意这个"特别"的要求。

4）混凝土的强度设计值应按现行国家标准《混凝土结构设计规范》GB 50010 的规定采用。

（1）当原结构、构件系采用混凝土标号设计时，验算中，混凝土的强度设计值可按《混凝土结构设计规范》GBJ 10—1989 附录一的规定取用。为便于读者使用，现摘录归纳如下：

附录一原《钢筋混凝土结构设计规范》TJ 10—1974 的混凝土标号与《混凝土结构设计规范》GBJ 10—1989 的混凝土强度等级以及各项强度指标的换算关系如表 6.2.1 所示。

TJ 10—1974 的混凝土标号与 GBJ 10—1989 的混凝土强度等级的换算关系　　表 6.2.1

TJ 10—1974 的混凝土标号	100	150	200	250	300	400	500	600
GBJ 10—1989 的混凝土强度等级	C8	C13	C18	C23	C28	C38	C48	C58

混凝土强度标准值及各项强度设计值的确定：

将原混凝土标号换算成混凝土强度等级后，其强度标准值和各项设计指标可以依据加固所采用的规范查询。

（2）当采用现场实测方法评定原结构、构件的混凝土强度等级时，验算中，混凝土的强度设计值可按加固采用的标准规定执行。

6.2.2　结构加固新增的钢构件和钢筋，应选用较低的强度等级；当采用高强度等级时，应考虑二次受力的不利影响。

 延伸阅读与深度理解

1）因在二次受力条件下，较低强度等级的钢筋、钢材具有较高的强度利用率和较好的延性，能充分地发挥被加固构件新增部分的材料潜力，因此作出相关规定。

2）当采用高强度等级时，应考虑二次受力的不利影响。如何考虑目前没有可靠的依据。

3）提醒各位特别注意，这个要求也是非常"特别"的要求。笔者建议设计应选用不高于原设计的强度等级。

4）笔者认为这条里面的"较低的强度等级，高强度等级"说得比较笼统，设计还是难以把控的。对于实际工程，笔者建议尽量采用同原设计的钢材和钢筋级别。

6.2.3　结构加固用的植筋应采用带肋钢筋或全螺纹螺杆，不得采用光圆钢筋；锚栓应采用有锁键效应的后扩底机械锚栓，或栓体有倒锥或全螺纹的胶粘型锚栓。

 延伸阅读与深度理解

1）采用带肋钢筋或全螺纹螺杆，可增大后锚固件与锚固用胶的粘结面积，增加机械咬合力，提高锚固性能。

2）采用有锁键效应的后扩底机械锚栓时，当它们嵌入基材混凝土后，能起到机械锁键作用，并产生类似预埋的效应，而这对承载安全至关重要。

3）关于锚栓可参见《混凝土结构后锚固技术规程》JGJ 145 及《混凝土用机械锚栓》JG/T 160 的相关规定。

6.2.4　加固用型钢、钢板外表面应进行防锈蚀处理，表面防锈蚀涂层应对钢板及胶粘剂无害。

 延伸阅读与深度理解

1）对加固用型钢、钢板进行防锈处理，避免因钢材锈蚀导致加固效果减弱或粘结失效。

2）笔者建议对于具体除锈要求，可以和新建的钢结构、型钢混凝土结构对钢材除锈、防腐的要求一致。

6.2.5　当被加固构件的表面有防火要求时，其防护层效能应符合耐火等级及耐火极限要求。

 延伸阅读与深度理解

1）粘贴碳纤维复合材、粘贴钢板等加固方法中，因结构胶粘剂在高温下易失效，因此要求涂刷防火层。

2）一般采用型钢、碳纤维加固构件时，型钢或碳纤维表面应抹厚度不小于 25mm 的高强度等级水泥砂浆（应加钢丝网防裂）作为防护层。如果外包型钢的表面具有防腐蚀和防火的涂料工程（包含防腐蚀涂装和防火涂装）设计时，应满足《钢结构工程施工质量验收标准》GB 50205 的相关规定。

6.2.6　结构加固用的纤维应为连续纤维，碳纤维应优先选用聚丙烯腈基不大于 15K 的小丝束纤维；芳纶纤维应选用饱和吸水率不大于 4.5% 的对位芳香族聚酰胺长丝纤维；结构加固严禁使用高碱玻璃纤维、中碱玻璃纤维和采用预浸法生产的纤维织物。

 延伸阅读与深度理解

1）碳纤维按其主原料分为三类，即聚丙烯腈（PAN）基碳纤维、沥青（PITCH）基碳纤维和粘胶（RAYON）基碳纤维。

2）从结构加固性能要求考量，只有聚丙烯腈基碳纤维最符合承重结构的安全性和耐久性要求。当采用聚丙烯腈基碳纤维时，还必须采用 15K 或 15K 以下的小丝束，严禁使用大丝束纤维。之所以作出这样严格的规定，主要是因为小丝束的抗拉强度十分稳定，离散性很小，其变异系数均在5%以下，容易在生产和使用过程中，对其性能和质量进行有效的控制；而大丝束则不然，其变异系数高达15%～18%，且在试验和试用中所表现出的可靠性较差，故不能作为承重结构加固材料使用。

3）应指出的是，大于15K，但不大于24K的碳纤维，虽仍属小丝束的范围，但由于我国工程结构使用碳纤维的时间还很短，所积累的成功经验均是从12K和15K碳纤维的试验和工程中取得的；对大于15K的小丝束碳纤维所积累的试验数据和工程使用经验均显不足。因此，应优先使用15K及15K以下的碳纤维。

读者注意，《工程结构加固材料安全性鉴定技术规范》GB 50728—2011第8.2.1条（原为强条，现在是非强条）：

（1）对于重要结构，必须选用聚丙烯腈基12K或12K以下的小丝束碳纤维，严禁使用大丝束碳纤维；

（2）对一般结构，除使用聚丙烯腈基12K或12K以下的小丝束碳纤维外，若有适配的结构胶，尚允许使用不大于15K的聚丙烯腈基碳纤维。

4）芳纶纤维韧性好，又耐冲击、耐疲劳，因而常用于有这方面要求的结构加固。另外，还用于与碳纤维混杂编织，以减少碳纤维脆性的影响。芳纶纤维的缺点是吸水率较大，耐光老化性能较差。为此，应采取必要的防护措施。

5）对玻璃纤维在结构加固工程中的应用，必须选用高强度的S玻璃纤维、耐碱的AR玻璃纤维或含碱量低于0.8%的E玻璃纤维（也称无碱玻璃纤维）。至于A玻璃纤维和C玻璃纤维，由于其含碱量（K、Na）高，强度低，尤其是在湿态环境中强度下降更为严重，因而应严禁在结构加固中使用。

6）预浸料由于储存期短，且要求低温冷藏，在现场施工条件下很难做到，常常因此而导致预浸料提前变质、硬化。若勉强加以利用，将严重影响结构加固工程的安全和质量，故作出严禁使用这种材料的规定。

6.2.7 加固用结构胶，其性能应满足被加固构件长期所处环境的要求。

 延伸阅读与深度理解

1）所处环境和环境温湿度对结构胶性能影响明显，因此需要选用能耐环境影响的材料。

2）工程结构加固用的结构胶，应按胶结基材的不同，分为混凝土基材用胶、钢结构基材用胶、砌体基材用胶和木材基材用胶等，每种胶还应按其现场固化条件的不同，划分为室温固化型、低温固化型和高湿面（或水下）固化型等三种类型。必要时，尚应根据使用环境的不同，区分为普通结构胶、耐温结构胶和耐介质腐蚀结构胶等。

3）笔者提请读者注意：

工程结构用的结构胶粘剂，其设计工作年限应符合下列规定：

（1）当用于既有建筑加固时，应与后续使用年限一致。

（2）对后续设计工作年限30年的结构胶，应通过耐湿热老化能力的检验。

（3）对后续设计工作年限 50 年的结构胶，应通过耐湿热老化能力和耐长期应力作用能力的检验。

（4）对承受动荷载作用的结构胶，应通过抗疲劳能力检验。

（5）对寒冷地区使用的结构胶，应通过耐冻融能力检验。

特别说明：结构胶粘剂的使用年限，在一定范围内，是可以根据其所采用的主粘料、固化剂、改性材和其他添加剂进行设计的。目前，加固常用的结构胶，一般是按 30 年使用年限设计的。因此，特别注意，若要进一步提高其使用年限，则应进行专门设计，并应按相关标准通过专项的检验与鉴定。为了保证工程使用结构胶的质量安全，凡通过专项鉴定的结构胶，应要求供应商出具"可安全使用 50 年"的质量保证书，并承担相应的责任。

6.2.8 凡涉及工程安全的加固材料，应通过安全性能的检验和鉴定。纤维复合材和结构胶安全性能的合格标准应符合本规范附录 A 和附录 B 的规定。

 延伸阅读与深度理解

1）工程结构加固的可靠性，虽然取决于设计、材料、施工、工艺、监理、检验等诸多因素的影响，但实际工程的统计数据表明，因加固材料性能不符合使用要求所造成的安全问题占有很大的比重，其后果是极其严重的。因此，必须在加固材料进场前，便对它进行系统的安全性检验与鉴定，以确认其性能和质量是否能达到安全使用的要求。

2）具体要求可参见《工程结构加固材料安全性鉴定技术规范》GB 50728—2011 的相关要求。

6.3 地基基础加固

6.3.1 既有建筑地基基础的加固设计应符合下列规定：

1 应进行地基承载力、地基变形、基础承载力验算；

2 既有建筑地基基础加固后或增加荷载后，建筑物相邻基础的沉降量、沉降差、局部倾斜和整体倾斜的允许值应严格控制，保证建筑结构安全和正常使用；

3 受较大水平荷载或位于斜坡上的既有建筑地基基础加固，以及邻近新建建筑、深基坑开挖、新建地下工程基础埋深大于既有建筑基础埋深并对既有建筑产生影响时，尚应进行地基稳定性验算；

4 对液化地基、软土地基或明显不均匀地基上的建筑，应采取相应的针对性措施。

 延伸阅读与深度理解

1）既有建筑地基基础加固设计，应满足地基承载力、变形和稳定性要求。

2）在荷载作用下既有建筑地基土已固结压密，再加荷时的荷载分担、基底反力分布与直接加载的天然地基不同，应按新老地基基础的共同作用分析结果进行地基基础加固设计。

3）加固后既有建筑地基变形控制的关键指标是差异沉降和倾斜，该指标是保证建筑物正常使用和结构安全的关键，工程设计和施工应严格控制。

4）根据现行国家标准《工程结构可靠性设计统一标准》GB 50153 的要求，既有建筑加固后的地基基础设计工作年限应满足加固后的建筑物设计工作年限。

5）既有建筑地基基础加固设计，可按下列步骤进行：

（1）根据鉴定获得的检测数据确定地基承载力和地基变形计算参数等。

（2）选择地基基础加固方案：首先，根据加固的目的，结合地基基础和上部结构的现状，并考虑上部结构、地基和基础的共同作用，初步选择采用加固地基或加固基础，或加强上部结构刚度和加固地基基础相结合的方案。这是因为大量工程实践证明，在进行地基基础设计时，采用加强上部结构刚度和承载能力的方法，能减少地基不均匀变形，取得较好的技术经济效果。因此，在选择地基基础加固方案时，同样也应考虑上部结构、地基和基础的共同作用，采取切实可行的措施，既可降低费用，又可收到满意的效果。其次，对初步确定的方案，分别从预期效果、施工难易程度、材料来源和运输条件、施工安全、对邻近建筑环境的影响、施工工期和综合造价等方面进行技术经济分析和比较，选择最佳的加固方法。

6）既有建筑地基基础加固或增加荷载后的基础底面压力满足地基加固后的地基承载力特征值。需要注意的几个问题：

（1）修正后的既有建筑地基承载力特征值。

既有建筑地基承载力特征值可以考虑基础宽度、基础深度修正，但其修正的具体数值应按原基础设计的情况计算。对于原天然地基进行加固处理的地基，应按《建筑地基处理技术规范》JGJ 79 的规定，基础宽度修正系数取 0，基础埋深修正系数取 1.0。（这点需要特别注意，不能因为原地基经过处理后，经过这么多年的压实，就可以按天然地基修正）

（2）既有建筑地基承载力特征值的确定。

对于沉降已经稳定的建筑或经过预压的地基，可适当提高地基承载力。既有建筑地基在建筑物荷载作用下，由于地基土压密固结作用，承载力提高，在一定荷载作用下，变形减少，加固设计可充分利用这一特性。具体提高系数可以参考以下资料：

①《建筑抗震鉴定标准》GB 50023—2009 第 4.2.7 条给出了现有天然地基的抗震承载力验算，应符合下列要求：

天然地基的竖向承载力，可按现行国家标准《建筑抗震设计规范》GB 50011 规定的方法验算，其中，地基土静承载力特征值应采用长期压密地基土静承载力特征值，其值可以按下式计算：

$$f_{sE} = \zeta_s f_{sc} \text{ 和 } f_{sc} = \zeta_c f_s$$

式中　f_{sE}——调整后的地基土抗震承载力特征值（kPa）；

ζ_s——地基土抗震承载力调整系数，可按现行国家标准《建筑抗震设计规范》GB 50011 采用；

f_{sc}——长期压密地基土静承载力特征值（kPa）；

f_s——地基土静承载力特征值（kPa），其值可按现行《建筑地基基础设计规范》GB 50007 采用；

ζ_c——地基土静承载力长期压密提高系数，其值可按表 6.3.1-1 采用。

地基土静承载力长期压密提高系数　　　　表 6.3.1-1

年限与岩土类别	p_0/f_s			
	1	0.8	0.4	<0.4
2 年以上的砾、粗、中、细、粉砂	1.2	1.1	1.05	1
5 年以上的粉土和粉质黏土				
8 年以上地基静承载力标准值大于 100kPa 的黏土				

注：1. p_0 指基础底面实际平均压力（kPa）。

　　2. 使用期不够或岩石、碎石土、其他软弱土，提高系数值可以取 1。

②《建筑物移位纠倾增层与改造技术标准》T/CECS 225—2020：

沉降稳定的建筑物直接增层时，其地基承载力特征值可适当提高，并按下式估算：

$$f_{ak} = (1+\mu)[f_k]$$

式中　f_{ak}——建筑物增层设计时地基承载力特征值（kPa）；

　　　$[f_k]$——原设计时采用的地基承载力特征值（kPa）；

　　　μ——地基承载力提高系数，按表 6.3.1-2 采用。

地基承载力提高系数 μ　　　　表 6.3.1-2

已建时间(年)	5～10	10～20	20～30	30～50
μ	0.05～0.15	0.15～0.25	0.25～0.35	0.35～0.45

注：1. 对湿陷性黄土地基，地下水位上升引起承载力下降的地基，原地基承载力特征值低于 80kpa 的地基，上表不适应；

　　2. 可按现行国家标准《建筑地基基础设计规范》GB 50007 的有关规定执行，当有成熟经验时，可采取其他方法确定 μ 值；

　　3. 当原建筑物为桩基础且已使用 10 年以上时，原桩基础的承载力可提高 10%～20%。

③ 北京市地标《建筑抗震加固技术规程》DB11/689—2016 给出的地基土压缩—固结作用提高系数如表 6.3.1-3 所示。

地基承载力压缩—固结作用提高系数　　　　表 6.3.1-3

年限与土类	p_2/f_2				适用条件
	1.0	0.8	0.4	<0.4	
2 年以上的砂土地基 5 年以上的粉土和粉质黏土 8 年以上地基承载力标准值大于 130kPa 的黏性土	1.2	1.05	1	1	对不均匀沉降敏感的建筑或地基土质不均匀的建筑
		1.1	1.05		地基土质均匀的一般建筑

注：1. p_2 指基础底面实际平均压力（kPa）。

　　2. 对于年限不够或碎石土，软塌土，地基承载力压缩—固结作用提高系数可取 1。

④ 上海市工程建设规范《既有建筑抗震鉴定与加固规程》DGJ 08—81—2021 给出的考虑地基土长期压密的承载力提高系数，如表 6.3.1-4 所示。

地基土因长期压密静承载力提高系数　　　　　　　　　　　表 6.3.1-4

地基土的状况	基础底面实际平均压应力与地基承载力的比值 p_0/f_t			
	1	0.8	0.4	<0.4
长期压密达 8 年的地基土	1.1	1.05	1	1
长期压密超过 20 年的地基土	1.2	1.1	1.05	1

注：当长期压密的年限在 8～20 年之间，提高系数可按表中线性内插。

笔者建议如下：通过以上资料可以看出，地基土经过一段时间压缩其承载力是有所提高的，这个有概念判断，很容易理解，但具体提高多少需要设计师根据工程的各种边界条件综合分析确定，必要时可进行专项论证。

6.3.2　建筑物的托换加固、纠倾加固、移位加固应设置现场监测系统，实时控制纠倾变位、移位变位和结构的变形。

 延伸阅读与深度理解

1）托换加固、纠倾加固、移位加固施工过程可能对结构产生损伤或产生安全隐患，必须设置现场监测系统，监测结构变形，根据监测结果及时调整设计和施工方案，必要时启动应急预案，保证工程安全地按设计完成。

2）本条引自《既有建筑地基基础加固技术规范》JGJ 123—2012 第 7.2.2 条。

3）迫降纠偏与建筑物特征、地质情况、采用的迫降方法等有关，因此迫降纠倾的设计应围绕几个主要环节进行：选择合理的纠倾方法；编制详细的施工工艺；确定各个部位的迫降量；设置监控系统；制订实施计划；纠倾加固施工过程中可能出现危及安全的情况，设计师应有应急预案。过量纠倾可能会产生足够的再次损伤，应该防止其出现，设计时必须制订防止过量纠倾的技术措施。

4）建筑物纠倾加固，一般其整体倾覆已经超过国家现行标准《建筑地基基础设计规范》GB 50007 的允许值。但通常情况下，该允许值较为严格，因此通常要求建筑物影响正常、安全使用（一般的情况下是指倾斜率超出《危险房屋鉴定标准》JGJ 125—2016 限值）时，才进行纠倾加固。

5）笔者建议建筑物纠倾技术难度较大时，对纠倾方案进行专家论证。

6）托换技术是指对原结构荷载传递路径改变的结构加固或地基加固的通称，在地基基础加固工程中广泛应用。

7）发生下列情况时，可采用托换技术进行既有建筑地基基础加固：

（1）地基不均匀沉降引起建筑物倾斜、裂缝；

（2）地震、地下洞穴及采空区土体移动，软土地基沉陷等引起建筑物损害；

（3）建筑功能改造，结构体系改变，基础形式改变；

（4）新建地下工程、邻近新建建筑、深基坑开挖、降水等引起建筑损害；

（5）地铁及地下工程穿越既有建筑，对既有建筑地基影响较大时；

（6）古建筑保护或增加使用功能；

（7）其他需要采用的基础及上部结构局部托换。

8）托换加固设计，应根据工程的结构类型、基础形式、荷载以及场地情况进行方案比选，根据需要可分别采用整体托换、局部托换，或托换与加强建筑整体刚度和强度相结合的加固方案。整体托换即整体改变基础或地基的受力状态；局部托换即部分改变基础或地基的受力状态。托换与加强建筑整体刚度和强度相结合的加固方案，一般在改变基础形式和增加地下功能同时存在时使用。

9）托换技术，是托梁（或桁架，以下同）拆柱（或墙，以下同）、托梁接柱和托梁换柱等技术的概称；属于一种综合性技术，由相关结构加固、上部结构顶升与复位以及废弃构件拆除等技术组成；适用于已有建筑物的加固改造；与传统做法相比，具有施工时间短、费用低、对生活和生产影响小等优点，但对技术要求较高，需由熟练工人来完成，才能确保安全。

【工程案例1】1992年笔者加固改造设计的葫芦岛某小学教学楼。

工程概况：葫芦岛某小学教学楼初建于1985年，4层砌体结构，层高3.6m，楼面为现浇花篮梁，预制钢筋混凝土圆孔板，建筑全长81.74m（设有两道伸缩缝），宽12.9m，高15.1m（图6.3.2-1）。多年后，工程上部结构多处墙体开裂，影响正常使用，甲方于1989年委托我院（中国有色工程设计研究总院）进行检测鉴定、加固改造。葫芦岛当时是6度地震区。

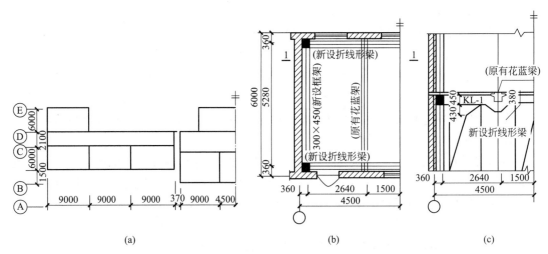

图6.3.2-1 结构平面及局部剖面布置图

（a）教学楼底层平面；（b）平面图；（c）剖面图1—1

1989年9月，我院在现场对原教学楼裂缝进行了实测和分析，并结合本工程情况，将加固工作分为两大部分：墙体加固和改变原结构体系。

（1）对开裂墙体，在原墙体两面加设钢丝网水泥砂浆；

（2）原砌体承重结构，改变为钢筋混凝土内套框架结构。具体为在每个教室四角加设300mm×300mm的钢筋混凝土柱，然后在楼板下加设框架梁，组成独立的框架结构体系，托换原砌体结构楼面荷载。框架柱下设置基础托换梁，托换基础梁支承在人工挖孔灌注桩上。

说明：本工程笔者曾于 2000 年撰文于《建筑结构》（2000 年第 9 期），可供参考。

【工程案例 2】2016 年笔者参与评审论证的某加固改造工程

工程概况：本工程为山水广场 BC 座裙房，结构形式为钢筋混凝土框架结构，地下 3 层，地上 4 层，建筑高度 15.3m，原设计为 2001 年。2016 年由于业态变化，甲方希望拔掉大堂入口处的 2 根柱，形成首层 12m×12m 的大跨度空间。如图 6.3.2-2 中云线所示。

加固设计院采用了托柱转换方案，采用预应力托梁。

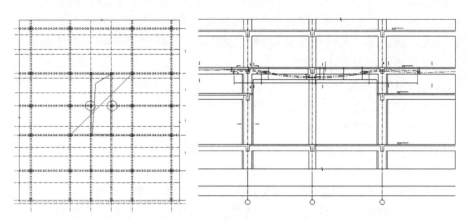

图 6.3.2-2　托柱局部平面及托梁局部立面

甲方为了确保托柱方案安全、可靠，组织了相关专家对原方案进行论证。

6.3.3　既有建筑地基基础加固工程，应对其在施工和使用期间进行沉降观测，直至沉降达到稳定为止。

 延伸阅读与深度理解

（1）既有建筑进行地基基础加固时，沉降观测是一项必须进行的工作，它不仅是施工过程中进行监测的重要手段，而且是对地基基础加固效果进行评价和工程验收的重要依据。

（2）由于地基基础加固过程中容易引起周围土体的扰动，因此，施工过程中对邻近建筑和地下管线也应进行监测。

（3）对于如何判定沉降已经稳定问题，读者可以参考笔者已经出版发行的《〈建筑与市政地基基础通用规范〉GB 55003—2021 应用解读及工程案例分析》一书，在此不再赘述。

6.4　主体结构整体加固

6.4.1　结构的整体加固方案应根据结构类型，从结构体系、抗震构造措施、抗震承载力及易倒易损构件等方面综合考虑后确定。

延伸阅读与深度理解

1）对于承载能力加固和抗震加固，主体结构整体加固分别主要针对竖向承载结构体系和水平承载结构体系的加固。同时，整体加固应综合考虑结构类型、结构体系、抗震措施、抗震承载力、易倒易损构件等，才能达到良好的加固效果。

2）提请读者注意，加固工程依然应遵从新建建筑的抗震概念设计的相关要求，切勿顾此失彼。不应因为局部加固，影响结构的整体安全。比如最常见的是，由于局部改造时楼面荷载加大，而采用加大框架梁截面的加固思路，这样显然影响了强柱弱梁的抗震概念，此时应校核相邻柱的强柱弱梁问题。

3）如何保证加固布置合理性的几点建议：

（1）进行规则性治理。当既有建筑结构平面、竖向布置、刚度等的分布符合规则性要求时，新增构件的布置要保证原有的规则性；当既有建筑结构在某个主轴或两个主轴方向存在不规则性时，首先应考虑利用新增加构件的布置，改善其原有的不规则性或消除不规则性，即使不能改善也不宜加重其不规则程度。

（2）理顺地震作用的传递途径。应保持既有建筑结构合理的传递途径，可利用新增构件改变既有建筑结构不合理的传递途径，消除或减轻既有建筑结构传递途径的缺陷。

（3）抗震薄弱层、软弱层的复核。不仅要防止加固后形成新的薄弱层、软弱层，而且要利用改造新增构件的位置、尺寸和厚度等的变化，消除薄弱层、软弱层或改善既有建筑结构的严重程度。

（4）当既有建筑结构的不同部位有不同类型的承重结构体系时，对不同类型的既有建筑结构的连接部位，抗震加固布置要使之具有比一般部位更高的承载力或更高的变形能力。

（5）当既有建筑结构构件处于明显不利的受力状态时，如短柱、强梁弱柱等，抗震加固布置要改善其受力状态，或设法将地震作用吸收到新增加的受力状态合理的构件上。

4）多层砌体结构加固常遇的一些情况。

（1）常见情况1：多层砌体房屋和高度超限问题，如丙类建筑超过规定值1层和3m以内时，如何加固处理？

砌体房屋的层数越多、高度越高，地震破坏越严重。在同样的高度下，层数越多，抗震计算的质量点数越多，地震作用增大也十分明显；而同样层数的房屋，总高度引起的地震作用增大相对较少。故规范对多层砌体房屋的高度和层数要求严格控制。当超过规定时，可做如下处理：

① 总高度超而层数不超，应提高抗震措施和抗震承载力验算。

② 层数超过规定限值时，应改变结构体系，或减少层数，或改变使用用途降低设防类别后再进行抗震鉴定，也可采用增设抗震墙以增加横墙数量的对策。

③ 当设防类别为丙类的砌体结构，横墙较少的房屋超出规定值一层和3m以内时，应提高墙体承载力且新增构造柱、圈梁等应满足现行国家标准《建筑与市政工程抗震通用规范》GB 55002及《建筑抗震设计规范》GB 50011对横墙较少房屋不减少层数和高度的相

关要求。即：

a. 错位的墙体交接处均应设置构造柱。

b. 所有纵横墙均应在楼、屋盖标高处设置加强的现浇钢筋混凝土圈梁；圈梁的截面高度不宜小于 150mm，上下纵筋各不应少于 3ϕ10，箍筋直径不小于 ϕ6，间距不大于 300mm。

c. 所有纵横墙交接处及横墙的中部，均应增设满足下列要求的构造柱，在横墙内的柱距不宜大于层高，在纵墙内的构造柱间距不宜大于 4.2m，最小截面不宜小于 240mm×240mm，配筋宜符合表 6.4.1 的规定。

增设构造柱的纵向筋和箍筋设置要求 表 6.4.1

位置	纵向钢筋			箍筋		
	最大配筋率（%）	最小配筋率（%）	最小直径（mm）	加密区范围（mm）	加密区间距（mm）	最小直径（mm）
角柱	1.8	0.8	14	全高	100	6
边柱			14	上端700		
中柱	1.4	0.6	12	下端500		

（2）常遇情况 2：多层砌体房屋抗震承载力不足时，有哪些加固方法？

多层砌体房屋抗震承载力不足是既有建筑常遇到的问题，可以采取以下方法加固。

① 拆除重砌或增设抗震墙：对局部强度过低的既有墙体可考虑拆除重砌；重砌和增设抗震墙的结构材料宜采用与既有结构相同的砌体或砌块，也可采用现浇钢筋混凝土。

② 修补和灌浆：对已经开裂的墙体，可采用压力灌浆修补，对砌筑砂浆饱满度差且砌筑砂浆强度等级偏低的墙体，可用满墙灌浆加固。

修补后墙体的刚度和抗震能力，可按既有建筑原设计的砌筑砂浆强度等级计算；对满墙灌浆加固后的墙体，可按原砌筑砂浆强度等级提高一级计算。

③ 面层或板墙加固：在墙体一侧或两层采用钢筋网水泥砂浆面层、钢绞线网—聚合物砂浆面层、高延性混凝土面层或现浇钢筋混凝土板墙加固。

④ 外加柱加固：在墙体交接处增设现浇钢筋混凝土构造柱加固，外加构造柱应与外圈梁、内拉杆形成整体，或与现浇钢筋混凝土楼、屋盖可靠连接。

⑤ 包角或镶边加固：在柱、墙角或门窗洞边用型钢或钢筋混凝土包角或镶边；柱、墙垛还可采用现浇钢筋混凝土加固。

（3）常遇情况 3：多层砌体房屋的整体性不满足要求时，应如何加固处理？

① 当既有建筑墙体布置在平面内不闭合时，可增设墙段或在开口处增设现浇混凝土框形成闭合。

② 当纵横墙连接较差时，可采用钢拉杆、长锚杆、外加柱或外加圈梁等加固。

③ 楼、屋盖构件支承长度不满足要求时，可增设托梁或采取增强楼、屋盖整体性等措施。

④ 当构造柱或芯柱设置不符合鉴定要求时，应增设外加构造柱，也可两层与墙体设置组合柱；当墙体采用双面钢筋网砂浆面层或钢筋混凝土板墙加固，且在墙体交接处增设可靠拉结的配筋加强带时，可不另设构造柱。

⑤ 当圈梁设置不符合鉴定要求时，应增设圈梁；外墙宜采用现浇钢筋混凝土圈梁，内墙圈梁可采用钢拉杆或在进深梁端加锚杆代替；当墙体采用双面钢筋网砂浆面层或钢筋混凝土板墙加固，且在上下两端增设配筋加强带时，可不另设圈梁。

（4）常遇情况 4：多层砌体房屋易倒塌部位应如何加固？

① 如遇窗间墙宽度过小或抗震能力不满足时，可增设钢筋混凝土窗框或采用钢筋网砂浆面层、板墙等加固。

② 如遇支承梁等的墙段抗震能力不满足要求时，可增设砌体柱、组合柱、钢筋混凝土柱或采用钢筋网砂浆面层、板墙等加固。

③ 支承悬挑构件的墙体不符合鉴定要求时，宜在悬挑构件端部增设钢筋混凝土柱或砌体组合柱、钢柱等加固，此时应特别注意悬挑构件受力状态的变化，复核底筋是否满足要求。

④ 隔墙无拉筋或拉结不牢靠，可采用镶边、埋设钢夹套、锚筋或钢拉杆加固；当隔墙过长、过高时，可采用钢筋网砂浆面层进行加固。

⑤ 出屋面的楼梯间、电梯间和水箱间不符合鉴定要求时，可采用面层或外加柱加固，其上部应与屋盖构件有可靠连接，下部应与主体结构有可靠连接。

⑥ 出屋面的烟囱、无拉结的女儿墙、门脸等超过规定的高度时，宜拆除、降低高度或采取型钢、钢拉杆加固。

⑦ 悬挑构件的锚固长度不满足鉴定要求时，可加拉杆或采取减小悬挑长度的措施。

（5）常与问题 5：多层砌体房屋如何进行改变结构体系的加固？

既有多层砌体房屋抗震鉴定遇到超层结构时，由于降低设防类别或减少层数都不太符合实际情况，因而可采取改变结构体系的方法实现。

那么，对于多层砌体房屋如何改变结构体系呢？所谓"改变砌体结构体系"，就是指结构的全部地震作用，不能由既有的仅设置构造柱、圈梁的砌体墙来承担，而应该由新的结构体系承担。

通常改变多层砌体结构体系主要有以下两种思路：

① 在两个方向增设一定数量的钢筋混凝土墙体，其数量和间距可以参考钢筋混凝土剪力墙的布置要求。新增的钢筋混凝土墙应计入竖向压力滞后的影响并宜承担全部的地震作用。对于双面板墙加固且合计厚度不小于 140mm 时，可视为增设钢筋混凝土墙，这类墙的数量和间距也可以参考钢筋混凝土剪力墙的布置要求。这类体系的房屋结构的全部地震作用由总厚度不小于 140mm 的双面夹板墙承担，既有的砌体墙不承担地震剪力。

② 将既有的所有砌体墙均加固为约束砌体墙，或配筋砌体，或组合砌体等形式。

这类体系需要注意两点：一是所有既有砌体都必须进行加固；二是新体系的抗震承载力的计算应分别依据约束砌体墙、配筋砌体墙、组合砌体墙等结构抗震设计方法，不能再按普通砌体结构抗震计算的方法计算。

5）多层及高层钢筋混凝土结构加固都有哪些方法？各自适用条件是什么？

多层及高层混凝土房屋抗震加固方法与其加固目标有关。当钢筋混凝土房屋的结构体系和抗震承载力不满足要求时，通常可选择下列几种加固方法：

（1）遇到单向框架需要加固。宜优先改为双向框架，或采取加强楼、屋盖整体性且同时增设抗震墙、抗震柱间支撑等抗侧力构件措施。

这类体系一般只会出现在 A 类既有建筑，混凝土框架结构体系属于单向框架时，需要通过节点加固成双向框架，考虑节点加固的难度较大，也可按规范对框架—抗震墙结构墙体布置要求增设一定数量的剪力墙，改变结构体系。对于 B、C 类既有建筑，由于当时设计规范已经明确不能采用单向框架这种体系，所以一般加固也不好遇到。

（2）单跨框架不符合鉴定要求时，应在不大于框架—抗震墙结构的抗震墙最大间距内增设抗震墙、翼墙、柱间钢支撑等抗侧力构件，当然也可采用性能设计，提高单跨框架的抗震性能（一般需要满足 C 级）。

6）内框架和底层框架砌体房屋加固相关问题。

（1）多层砌体房屋的底层和多层内框架砌体房屋的结构体系、抗震措施和抗震承载力不满足要求时，可选择下列加固方法：

① 当横墙间距满足鉴定要求而抗震承载力不满足要求时，一般是对原有砌体墙采用钢筋网砂浆面层、钢绞线网片聚合物砂浆面层或板墙加固。

② 当横墙间距超过规定时，一般是在超过的部分增设抗震墙，或对原有墙采用板墙加固且同时增强楼、屋盖的整体性和加固钢筋混凝土框架、砖柱混合框架。

③ 底层框架砌体房屋底层为单跨框架时，应增设框架柱形成双跨；当底层刚度较弱或有明显扭转效应时，可在底层增设钢筋混凝土抗震墙或翼墙加固，当过渡层刚度、承载力不满足鉴定要求时，可对过渡层的原砌体墙采用钢筋网砂浆面层、钢绞线网片聚合物砂浆面层或板墙加固。

④ 底层框架砌体房屋底层与相邻上层刚度比不满足要求时，一般可在底层增设钢筋混凝土抗震墙或钢支撑加固，也可采用消能减震方法进行加固。

（2）内框架和底层框架砌体房屋整体性不满足要求时，应选择下列加固方法：

① 底层框架、底层内框架砌体房屋的底层楼盖为装配式混凝土楼板时，可增设现浇混凝土面层加固。

② 当圈梁布置不满足鉴定要求时，应增设圈梁；外圈梁采用钢筋混凝土或钢板圈梁，内圈梁可采用钢拉杆或钢板圈梁；当墙体采用双面钢筋网砂浆面层或钢绞线网片聚合物砂浆面层或板墙加固且在上下两端增设配筋加强带时，可不另设圈梁。

③ 当构造柱布置不满足鉴定要求时，应增设外加构造柱；当墙体采用双面钢筋网砂浆面层或钢绞线网片聚合物砂浆面层或板墙加固且在对应位置增设互相可靠拉筋的配筋加强带时，可不另设构造柱。

6.4.2 结构加固后的承载能力验算和结构抗震能力验算应符合下列规定：

1 应对永久荷载与可变荷载下的承载能力进行验算。

2 对地震作用下的结构抗震能力验算，应按下列规定进行，且不应低于原建造时的抗震要求：

1）当采用楼层综合抗震能力指数进行结构抗震验算时，体系影响系数和局部影响系数应根据房屋加固后的状态取值，加固后楼层综合抗震能力指数应不小于 1，并应防止出现新的综合抗震能力指数突变的楼层。

2）对于 A 类和 B 类建筑，多层砌体房屋加固后的楼层综合抗震能力指数应符合下式规定：

$$\beta_s = \eta \psi_{1s} \psi_{2s} \beta_0 \tag{6.4.2-1}$$

式中 β_s——加固后楼层的综合抗震能力指数；

η——加固增强系数；

β_0——楼层原有的抗震能力指数；

ψ_{1s}、ψ_{2s}——分别为加固后体系影响系数和局部影响系数。

3）对于 A 类和 B 类建筑，多层钢筋混凝土房屋加固后的楼层综合抗震能力指数应按本规范第 5.3.1 条~第 5.3.3 条的规定计算，但楼层的受剪承载力、楼层弹性地震剪力、体系影响系数和局部影响系数均应按加固后的情况确定。

4）对其他既有建筑结构，其抗震加固后的抗震承载力应符合下式规定，并应防止加固后出现新的层间受剪承载力突变的楼层。

$$S \leqslant \psi_{1s} \psi_{2s} R_s / \gamma_{Rs} \tag{6.4.2-2}$$

式中 S——加固后结构构件内力组合的设计值；

ψ_{1s}、ψ_{2s}——分别为加固后体系影响系数和局部影响系数；

R_s——加固后计入应变滞后等的构件承载力设计值；

γ_{Rs}——抗震加固的承载力调整系数。

 延伸阅读与深度理解

1）整体加固除应满足承载力要求外，尚应复核抗震能力，不应存在因局部加强或刚度突变而形成的新薄弱部位。

2）永久荷载与可变荷载下构件加固后承载力验算，应符合现行有关结构加固设计标准的规定。

3）结构抗震能力验算时的加固增强系数和楼层原有的抗震能力指数应按现行有关抗震加固技术标准确定。

4）既有建筑抗震加固的设计计算与抗震鉴定一样，对于 A、B 类建筑的抗震验算，应优先采用与抗震鉴定相同的简化方法，不仅便捷、有足够精度，而且能较好地解释既有建筑的震害。也就是说对应 A、B 类均可采用综合抗震能力指数进行抗震验算。

5）此时体系影响系数、局部影响系数均按加固后的实际情况考虑取值，这点和鉴定不同。

6.5 混凝土构件加固

Ⅰ 增大截面法

6.5.1 当采用增大截面法加固受弯和受压构件时，被加固构件的界面处理及其粘结质量应满足按整体截面计算的要求。

 延伸阅读与深度理解

1）为保证新旧混凝土界面的粘结强度及增大截面加固工程的质量和安全，作出了此条规定。

2）增大截面加固法，由于它具有概念清晰、工艺简单、使用经验丰富、受力可靠、加固费用较低等优点，很容易为人们所接受；但它固有的不足是，湿作业量大、养护期长、占用使用空间较多等，也使得其应用受到限制。但笔者认为如果没有特别的困难，还是应优先采用此加固方法。

3）调查表明，在加固改造实际工程中虽曾遇到混凝土强度等级低达 C7.5 的柱子也在用增大截面法进行加固补强，但从其加固效果来看，新旧混凝土界面的粘结强度很难得到保证。如果采用植入剪切—摩擦筋来改善结合面的粘结抗剪和抗拉能力，也会因为基材强度过低而无法提供足够的锚固力。因此，作出了原构件的混凝土强度等级不应低于 C13（旧标准《钢筋混凝土结构设计规范》TJ 10—74 为 150 号）的规定。

4）当遇到混凝土强度低，或是密实性差，甚至还有蜂窝、空洞等缺陷时，不应直接采用增大截面法进行加固，而应先置换有局部缺陷或密实性差的混凝土，然后再进行加固；若置换有困难，或受力裂缝等损伤时，也可不考虑原柱的承载作用，完全由新增加的钢筋和混凝土承重。

6.5.2 钢筋混凝土构件增大截面加固的构造应符合下列规定：

1 新增混凝土层的最小厚度板不应小于 40mm；梁、柱不应小于 60mm。

2 加固用的钢筋，应采用热轧带肋钢筋。

3 新增受力钢筋与原受力钢筋的净间距不应小于 25mm，并应采用短筋或箍筋与原钢筋焊接。

4 当截面受拉区一侧加固时，应设置 U 形箍筋，并应焊在原箍筋上，单面（双面）焊的焊缝长度应为箍筋直径的 10 倍（5 倍）。

5 当用混凝土围套加固时，应设置环形箍筋或加锚式箍筋。

6 当受构造条件限制而需采用植筋方式埋设 U 形箍时，应采用锚固型结构胶种植。

7 新增纵向钢筋应采取可靠的锚固措施。

 延伸阅读与深度理解

1）本条主要是根据结构加固改造工程的实践经验和相关的研究资料作出的规定。其目的是保证原构件与新加混凝土的可靠连接，使之能够协调工作，以保证力的可靠传递，从而收到良好的加固效果。

2）由于纯环氧树脂配制的砂浆，未经改性，很快便开始变脆，而且耐久性很差，故不应在承重结构植筋中使用。

3）由于无机锚固剂粘结性能极差，几乎全靠膨胀剂起摩阻作用传力，不能保证后锚固件的安全工作，故也应予以禁用。

4）加大截面加固法。该方法施工工艺简单、适应性强，并具有成熟的设计和施工经验；适用于梁、板、柱、墙和一般构造物的混凝土结构加固；但现场施工的湿作业时间长，对生产和生活有一定的影响，且加固后的建筑物净空有一定的减小。图 6.5.2 所示为我司承接的某工程由于局部荷载增加，采用扩大截面法加固补强梁实景图片。

图 6.5.2　某工程现场实景图片

Ⅱ　置换混凝土法

6.5.3　采用置换法局部加固受压区混凝土强度偏低或有严重缺陷的混凝土构件，当加固梁式构件时，应对原构件进行支顶；当加固柱、墙等构件时，应对原结构、构件在施工全过程中的承载状态进行验算、监测和控制；应采取措施保证置换混凝土的协同工作；混凝土结构构件置换部分的界面处理及粘结质量，应满足按整体截面计算的要求。

 延伸阅读与深度理解

1）置换混凝土加固法适用于承重结构受压混凝土强度偏低或有局部严重缺陷的加固补强。因此，常用于新建工程混凝土质量不合格的返工处理，也可用于既有混凝土结构受火灾烧损、介质腐蚀以及地震、强风和人为破坏后的修复。

2）置换混凝土须注意的问题：

（1）这种加固方法能否在承重结构中安全使用，其关键在于新浇混凝土与被加固构件原混凝土的界面处理效果是否能达到可采用两者协同工作假设的程度。国内外大量试验表明：新建工程的混凝土置换，由于被置换构件的混凝土尚具有一定活性，且其置换部位的混凝土表面处理已经显露出坚实的结构层，因而可使新浇混凝土的胶体能在微膨胀剂的预压应力促进下渗入其中，并在水泥水化过程中粘合成一起。在这种情况下，采用两者协同工作的假设，不会有安全问题。

（2）这种协同工作的假定不能直接沿用于既有结构的旧混凝土，因为它已完全失去活性，此时新旧混凝土界面的粘合必须依靠具有良好渗透性和粘结能力的结构界面胶才能保证新旧混凝土协同工作。正因为如此，在实际工程中选择界面胶时，必须十分谨慎，一定要选择优质、可信的产品，并要求厂家出具质量保证书，以保证工程安全使用。

（3）混凝土置换施工时每次凿除、加强部位及批次必须严格按设计图纸施工，剪力墙混凝土强度必须等已置换混凝土强度满足原图纸设计强度要求后，再进行墙体下一批次混凝土的置换。

（4）在施工过程中必须做好对新旧混凝土浇筑界面的处理，凿毛、充分湿润、接浆（或使用其他界面剂），保证连接面的质量及可靠性。

（5）质量控制必须从原材料质量抓起，不合格材料一律不得使用，混凝土置换施工时，必须绝对保证所有原材料的质量。

3）当采用置换法加固受弯构件时，为了确保置换混凝土施工全过程中原结构、构件的安全，必须采取有效的支顶措施，使置换工作在完全卸荷的状态下进行。这样做还有助于加固后结构更有效地承受荷载。

4）对柱、墙竖向构件等完全支顶有困难时，允许通过验算和监测进行全过程控制。其验算内容和监测指标应由设计单位确定，但应包括相关结构、构件受力情况的验算与监控。

5）对原构件非置换部分混凝土强度等级的最低要求，之所以应按其建造时规范的规定进行确定，是基于以下两点考虑：

（1）按原规范设计的构件，不能随意否定其安全性。

（2）如果非置换部分的混凝土强度等级低于建造时所执行规范的规定时也应进行置换。

6）置换混凝土法的施工要点：

加固前的卸荷处理，连接处的表面处理，新增层的施工。

（1）理想的置换是零应力（或低应力）状态下的置换，即完全卸荷置换。因此，置换前应对被置换的构件进行卸荷。卸荷方法有直接卸荷和支顶卸荷。

（2）在卸荷状态下将质量低劣的混凝土或缺陷混凝土彻底剔除干净。对于外观质量完好的低强混凝土，除特殊情况外，一般仅置换受压区混凝土。但为恢复或提高结构应有的耐久性，可用高强度树脂砂浆对其余部分进行抹面封闭处理。

（3）用于置换的新混凝土，流动性应大，强度等级应比原混凝土提高一级，且不小于C25。置换混凝土应采用膨胀混凝土或膨胀树脂混凝土；当体量较小时，应采用细石膨胀混凝土、高强度灌浆料或环氧砂浆等。为增强置换混凝土与原基材混凝土的结合能力，结合面应涂刷混凝土界面剂一道，并在界面剂初凝前浇筑完置换混凝土。对于要求较高或剪应力较大的结合面，应置入一定的L形或U形锚筋。

【工程案例1】笔者单位2020年承接的北京某改造工程。

框架柱检测结果：

检测公司于2020年9月23日及28日检测发现20层3轴×C轴、2轴×J轴、3轴×J轴、4轴×J轴框架柱（图6.5.3-1云线处）从梁下端向下1500mm区域内均存在混凝土疏松、起砂、掉皮及钢筋轻微锈蚀现象，已影响混凝土现龄期强度。取芯检测发现混凝土疏松厚度为86～100mm，详见图6.5.3-2～图6.5.3-4。

建议对上述框架柱疏松区域深度100mm范围内的混凝土进行置换处理，钢筋进行除锈处理。

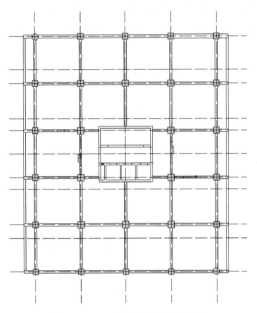

图 6.5.3-1　柱平面位置示意图

图 6.5.3-2　柱外观质量图

图 6.5.3-3　柱混凝土取芯现状

图 6.5.3-4　柱局部现场放大图

基于工程现状及检测单位建议，笔者单位决定采用如下思路进行处理：

（1）在以上柱处理前请施工单位做好临时支撑，确保结构施工安全。

（2）彻底凿除已经疏松、起砂、掉皮的混凝土至密实表面，且每层剔凿深度不小于100mm，注意保护好原钢筋。

（3）对已经生锈钢筋进行除锈处理。

（4）采用高压水冲洗浮尘等。

（5）待表面干燥后涂刷混凝土界面剂。

（6）采用强度不低于C45混凝土的CGM灌浆料灌实至原柱截面。

（7）柱四角打磨为半径不小于25mm的圆弧。

（8）混凝土养护不少于7d。

（9）采用碳纤维布环向围束加固柱，具体参见图6.5.3-5。

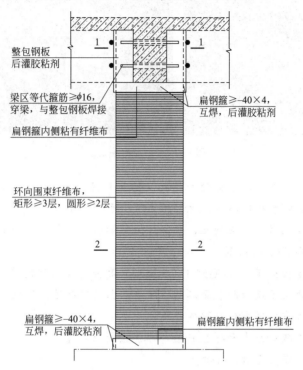

图 6.5.3-5 柱碳纤维环向围束加固

【工程案例2】2006年笔者处理的某大型球磨机基础，由于设备基础长期被机油浸蚀，混凝土开裂、酥松，需要进行加固处理（图6.5.3-6、图6.5.3-7）。

图 6.5.3-6 球磨机

作者经过现场踏勘，经过分析研究采用如下方案：

（1）第一步：先将被机油浸蚀的混凝土清除干净，将锈蚀的钢筋浮锈清理干净，用高压水将混凝土表面清洗干净。待干燥后，对于还有油污的表面用丙酮进行处理。

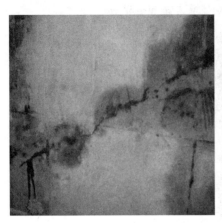

图 6.5.3-7　基础腐蚀

（2）第二步：修补裂缝，在裂缝处钻孔，钻孔直径 50mm，沿裂缝每隔 500mm 钻一孔，然后用高压灌注环氧树脂材料，注浆压力不小于 0.2MPa。

（3）第三步：封闭保留的混凝土，采用封闭型钢筋阻锈剂。在保留的混凝土表面喷涂 600mL/m^2 的憎水型 CIT 阻锈剂。

（4）第四步：支模板灌注 TCGM-1（加固型）高强无收缩灌浆料，并进行养护。

（5）第五步：再在干燥后的表面粘贴碳纤维，利用碳纤维的高强、耐腐蚀、施工便捷的特性，按计算要求在关键部位粘贴碳纤维。

（6）第六步：在碳纤维表面抹 20mm 厚水泥设计防护层。

（7）加固原理如图 6.5.3-8 所示。

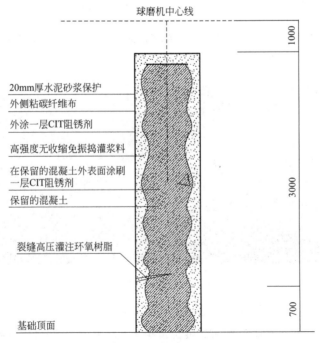

图 6.5.3-8　加固原理示意图

说明：本加固详细情况可以参考笔者发表的《工程结构裂缝诊治技术与工程实例》论文集（中国建材工业出版社，2007 年 7 月）。

【工程案例 3】2020 年 12 月有位读者发笔者如下一张照片（图 6.5.3-9），显然也是采用局部混凝土置换，但可怕的是现场没有采取任何临时措施。

图 6.5.3-9　某工程柱局部混凝土置换

特别注意：置换混凝土加固要求在完全卸荷状态下进行，因此，置换前应对置换构件进行卸荷，除把外荷载直接卸荷外，主要是靠支顶卸荷。为了确保置换混凝土施工全过程中原结构、构件的安全，必须采取有效的支顶措施。对柱、墙等承重构件完全支顶有困难时，允许通过验算和检测进行全过程控制。

6.5.4　置换混凝土的构造应符合下列规定：

1　混凝土的置换深度应满足本规范第 6.5.2 条的规定；

2　置换长度应按混凝土强度和缺陷的检测及验算结果确定，但对非全长置换的情况，其两端应分别延伸不小于 100mm 的长度。

 延伸阅读与深度理解

1）为保证置换混凝土的密实性，对置换范围提出最小尺寸的要求。

2）笔者建议对置换部分，在有条件时，可以采用外包碳纤维辅助补强。

Ⅲ　外包型钢法

6.5.5　当采用外包型钢法加固钢筋混凝土实腹柱或梁时，应符合下列规定：

1　干式外包钢加固后的钢架与原柱所承担的外力，应按各自截面刚度比例进行分配；

2 湿式外包钢加固后的承载力和截面刚度应按整截面共同工作确定。

延伸阅读与深度理解

1）外包型钢（一般为角钢或扁钢）加固法，是一种既可靠，又能大幅度提高原结构承载能力和抗震能力的加固技术。

2）当采用结构胶粘合混凝土构件与型钢构架时，称为有粘结外包型钢加固法，也称外粘型钢加固法，或湿式外包钢加固法，属复合构件范畴。图6.5.5所示为我司某改造工程柱采用外包角钢加固图。

图6.5.5 某工程柱采用外包角钢加固

3）当不宜使用结构胶时，或仅用水泥砂浆堵塞混凝土与型钢间缝隙时，称为无粘结外包型钢加固法，也称干式外包钢加固法。这种加固方法，属组合构件范畴；由于型钢与原构件间无有效的联结，因而其所受的外力，只能按原柱和型钢的各自刚度进行分配，而不能视为复合构件受力，以致很费钢材，仅在不宜使用胶粘的场合使用。

6.5.6 湿式外包钢的构造，应符合下列规定：

1 加固用型钢两端应采取可靠的锚固措施。

2 沿梁、柱轴线方向应采用缀板与角钢焊接，缀板间距不应大于20倍单根角钢截面的最小回转半径，且不应大于500mm；在节点区，其间距应加密。

3 加固排架柱时，应将加固的角钢与原柱顶部的承压钢板相互焊接。对二阶柱，上下柱交接处及牛腿处的连接构造应加强。

4 外粘角钢加固梁、柱的施工，应将原构件截面的棱角打磨成圆角。

5 施工过程中应采取措施保证结构胶不受焊接高温影响。外粘型钢的角钢端部600mm范围内胶缝厚度应控制在3～5mm。

延伸阅读与深度理解

1）外粘型钢必须通长、连续设置，中间不得断开，若长度受限时，应等强焊接接长，型钢上下应顶层及基础可靠锚固。如图6.5.6-1所示。

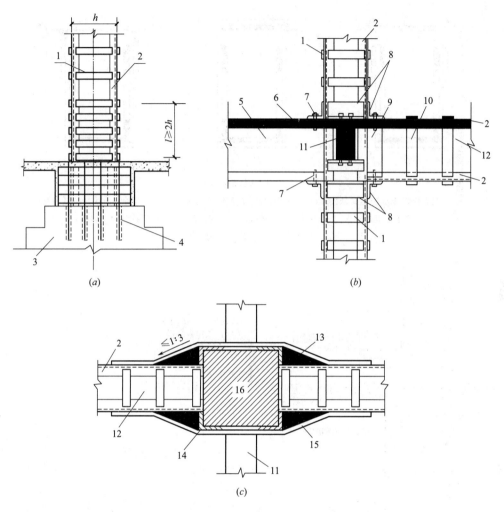

图 6.5.6-1 外粘型钢梁、柱、基础节点构造

(a) 外粘型钢柱、基础节点构造；(b) 外粘型钢梁、柱节点构造；(c) 外粘型钢梁、柱节点构造

1—缀板；2—加固角钢；3—原基础；4—植筋；5—不加固主梁；6—楼板；7—胶锚螺栓；
8—柱加强角钢箍；9—梁加强扁钢箍；10—箍板；11—次梁；12—加固主梁；
13—环氧砂浆填实；14—角钢；15—扁钢带；16—柱；l—缀板加密区长度；h—柱短边长度

2）为了加强型钢肢之间的整体性，以提高型钢骨架的整体性与共同工作能力，应沿梁、柱轴线每隔一定距离，用箍板与型钢焊接。与此同时，为了梁的箍板能起到封闭式环形箍的作用，可以参考图 6.5.6-2 所示的三种梁加锚时箍板的构造措施。

3）对于排架二阶柱、上下柱及牛腿处可参考图 6.5.6-3 所示的加强措施。

4）特别注意：所有焊接都应在注胶前进行，如果特殊部位需要先注胶后焊接，必须采取必要的措施防止已注胶融化。

5）采用外包型钢加固构件时，型钢表面（含连接板、混凝土表面）均需要抹厚度不小于 25mm 的高强度等级水泥砂浆（应加钢丝网防裂）作为保护层，也可采用其他具有防腐蚀和防火性能的饰面涂料加以保护。

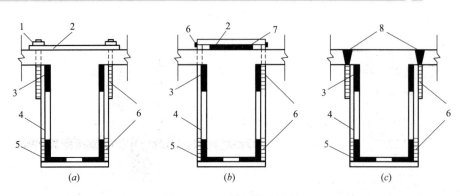

图 6.5.6-2　梁加锚式箍板

（a）端部栓焊连接加锚式箍板；（b）端部焊缝连接加锚式箍板；（c）端部胶锚连接加锚式箍板

1—与钢板点焊；2—条形钢板；3—钢垫板；4—箍板；5—加固角钢；6—焊缝；

7—加固钢板；8—嵌入箍板后胶锚

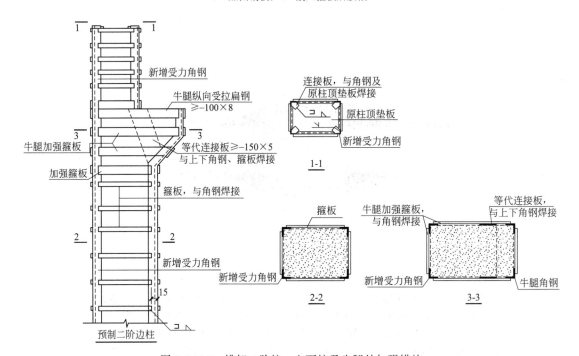

图 6.5.6-3　排架二阶柱、上下柱及牛腿处加强措施

Ⅳ　粘贴钢板法

6.5.7　当采用粘贴钢板法加固受弯、大偏心受压和受拉构件时，应将钢板受力方式设计成仅承受轴向应力作用。

1) 粘钢的承重构件最忌在复杂的应力状态下工作，故本条明确粘钢加固受弯、大偏心受压和受拉构件时，应将钢板受力方式设计成仅承受轴向应力作用。

2) 本方法不得用于素混凝土构件，包括纵向受力钢筋一侧配筋率小于 0.2% 的构件加固。

3) 粘贴钢板加固前，应按设计要求卸除或部分卸除结构上的活荷载。其目的是减少二次受力的影响，也可降低钢板的滞后应变，使得加固后的钢板能充分发挥强度。

6.5.8 粘贴钢板加固的构造应符合下列规定：

1 粘钢加固的钢板宽度不应大于 100mm。采用手工涂胶和压力注胶粘贴的钢板厚度分别不应大于 5mm 和 10mm。

2 对钢筋混凝土受弯构件进行正截面加固时，均应在钢板的端部、截断处及集中荷载作用点的两侧，对梁设置 U 形钢箍板；对板应设置横向钢压条进行锚固。

3 被加固梁粘贴的纵向受力钢板，应延伸至支座边缘，并设置 U 形箍。U 形箍的宽度，对端箍不应小于钢板宽度的 2/3；对中间箍不应小于钢板宽度的 1/2，且不应小于 40mm。U 形箍的厚度不应小于加固钢板的 1/2，且不小于 4mm。加固板时，应将 U 形箍改钢压条，垂直于受力钢板方向布置；钢压条应从支座边缘向中央至少设置 3 条，其宽度和厚度应分别不小于加固钢板的 3/5 和 1/2。

 延伸阅读与深度理解

1) 为防止钢板与混凝土粘结的劈裂破坏，对粘钢钢板宽度及厚度进行限制。

2) 在受弯构件受拉区粘贴钢板，其板端一段由于边缘效应，往往会在胶层与混凝土粘合面之间产生较大的剪应力峰值和法向正应力的集中，成为粘钢的最薄弱部位。若锚固不当或粘贴不规范，均易导致脆性剥离或过早剪坏。为此，有必要采取加强锚固措施。

通常可参考图 6.5.8-1 所示的梁端加强措施，图 6.5.8-2 所示的板端加强措施。

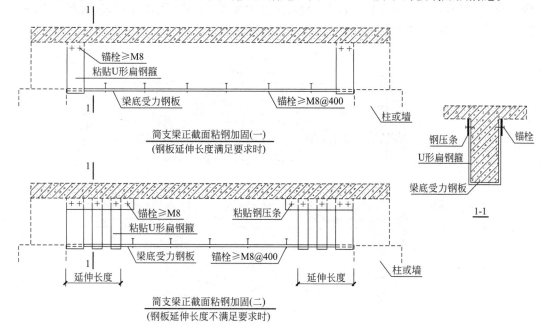

图 6.5.8-1 梁端加强措施

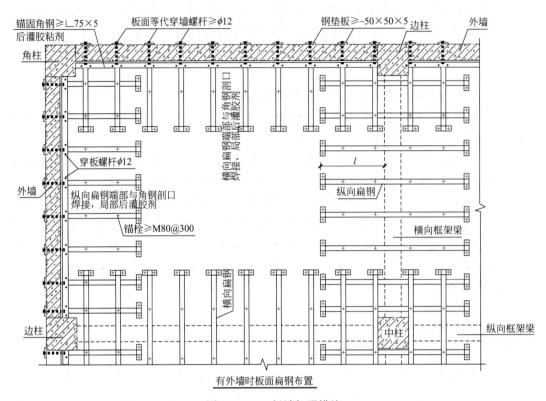

图 6.5.8-2　板端加强措施

3）以下为几种特殊情况：

（1）对于梁支座处有障碍时如图 6.5.8-3 所示，但梁上有现浇板，允许绕过柱位在梁侧粘贴钢板的情况，之所以还需要规定紧贴柱边在梁侧 4 倍板厚范围内粘贴钢板，是因为试验表明，在这样的条件下，较能充分发挥钢板的作用。

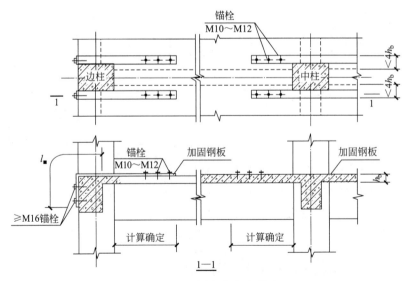

图 6.5.8-3　梁支座有障碍时

（2）当梁上无现浇板，或负弯矩区的支座处需要采取机械锚固措施加强时，其构造问题最难处理。为了解决这个实际问题，规范编制时曾向设计单位征集了不少锚固方案，但未获得满意结果。

笔者建议如若遇到此类情况，可以参考以下做法：

由于柱子阻碍，两侧又无现浇板，加固钢板无法延伸，也无法在柱外布置，可将加固钢板向上弯折，粘贴于梁和柱上，并在靠近弯折处的梁、柱上用 U 形钢箍板及锚栓加以锚固，以防止加固钢板受力时的剥离及变形。在上柱根的箍板的宽度和厚度应适当加大，钢箍板的锚栓等级、直径及数量应经计算确定，如图 6.5.8-4 所示。

4）粘贴钢板加固法。该方法施工快速，现场无湿作业或仅有抹灰等少量湿作业，对生产和生活影响小，且加固后对原结构外观和原有净空无显著影响，但加固效果在很大程度上取决于胶粘工艺与操作水平。适用于承受静力作用且处于正常湿度环境中的受弯或受拉构件的加固（图 6.5.8-5）。

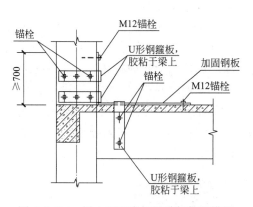

图 6.5.8-4 梁上无现浇板梁端部加强措施

图 6.5.8-5 某工程采用粘钢法加固梁板实景图

5）粘钢加固受弯构件时，特别注意《混凝土结构加固设计规范》GB 50367—2013 第 9.2.11 条：钢筋混凝土结构构件加固后，其正截面受弯承载力的提高幅度，应超过 40%，并应验算其受剪承载力，避免受弯承载力提高后导致构件受剪破坏先于受弯破坏。

本规定主要是为了控制受弯构件的裂缝及变形，以实现"强剪弱弯"抗震设计概念。

尽管此条不是强条，笔者建议还是尽量满足此条，如果确有困难可以参考笔者在本规范第 6.1.9 条解读中的建议处理。

V 粘贴纤维复合材法

6.5.9 当采用粘贴纤维复合材加固钢筋混凝土受弯、轴心受压或大偏心受压构件时，应符合下列规定：

1 应将纤维受力方式设计成仅承受拉应力作用；

2 不得将纤维复合材直接暴露在阳光或有害介质中，其表面应进行防护处理。表面防护材料应对纤维及胶粘剂无害，且应与胶粘剂有可靠的粘结及相互协调的变形性能。

延伸阅读与深度理解

1）根据粘贴纤维复合材的受力特性，本条规定了这种方法仅适用于钢筋混凝土受弯、受拉、轴心受压和大偏心受压构件的加固；不推荐用于小偏心受压构件的加固。这是因为纤维增强复合材仅适合于承受拉力作用，而且小偏心受压构件的纵向受拉钢筋达不到屈服强度，采用粘贴纤维复合材将造成材料的极大浪费。

2）防止长期受阳光照射或介质腐蚀引起材料老化，要求其表面应进行防护处理。一般均需要在碳纤维外面抹厚度不小于25mm的高强水泥砂浆等。

3）在实际工程中，经常会遇到原结构的混凝土强度低于现行设计规范规定的最低强度等级的情况。如果原结构混凝土强度过低，它与纤维复合材的粘结强度也必然会很低，极易发生呈现脆性的剥离破坏。此时纤维复合材不能充分发挥作用，因此，规定适用于原混凝土构件强度等级为现场实测混凝土强度等级不低于C15的构件。

4）纤维材加固受弯构件时，特别注意《混凝土结构加固设计规范》GB 50367—2013第10.2.10条：钢筋混凝土结构构件加固后，其正截面受弯承载力的提高幅度，应超过40%，并应验算其受剪承载力，避免受弯承载力提高后导致构件受剪破坏先于受弯破坏。

本规定主要是为了控制受弯构件的裂缝及变形，以实现"强剪弱弯"抗震设计概念。

5）粘贴纤维增强塑料加固法。该方法除具有与粘贴钢板相似的优点外，还具有耐腐蚀、耐潮湿、几乎不增加结构自重、耐用、维护费用较低等优点，但需要专门的防火处理，适用于各种受力性质的混凝土结构构件和一般构筑物（图6.5.9）。

图6.5.9 某工程采用粘纤维材加固梁板实景图

6.5.10 纤维复合材受弯加固的构造应符合下列规定：

1 对钢筋混凝土受弯构件正弯矩区进行正截面加固时，其受拉面沿轴向粘贴的纤维复合材应延伸至支座边缘，且应在纤维复合材的端部（包括截断处）及集中荷载作用点的两侧，设置纤维复合材的U形箍（对梁）或横向压条（对板）；

2 当纤维复合材延伸至支座边缘仍不满足延伸长度的规定时，应采取机械措施进行锚固；

3 当采用纤维复合材对受弯构件负弯矩区进行正截面承载力加固时，应采取措施保证可靠传力和有效锚固。

 延伸阅读与深度理解

采用纤维复合材对受弯构件负弯矩区进行正截面承载力加固时，其端部在梁柱节点处的锚固构造最难处理。为了解决这个问题，研编组曾通过各种渠道收集了国内外各种设计方案和部分试验数据，但均未得到满意的构造方式。基于此本规范这次没有给出具体要求。但作为工程设计依然可以参考相关资料进行设计。笔者归纳整理如下：

1）当受弯构件顶部有现浇板或翼缘时，箍板须穿过楼板或翼缘才能发挥其作用。最初的工程使用觉得很麻烦，经学习瑞士安装经验，采用半重叠钻孔法形成扁钢孔安装（插进）钢箍板后，施工变得十分简单。为了进一步提高箍板的锚固能力，还可采取先给箍板刷胶然后安装的工艺。但应注意：安装箍板完毕后应立即注胶封闭扁钢孔，使它与混凝土粘结牢固，同时也解决了板可能渗水等问题（图 6.5.10-1）。

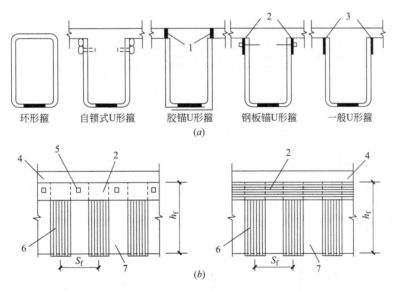

图 6.5.10-1　纤维复合材抗剪箍及其粘贴方式

（*a*）条带构造方式；（*b*）U 形箍及纵向压条粘贴方式

1—胶锚；2—钢板压条；3—纤维织物压条；4—板；5—锚栓加胶粘锚固；6—U 形箍；7—梁

2）对梁，应在延伸长度范围内均匀设置不少于三道 U 形箍锚固，其中一道应设置在延伸长度端部（图 6.5.10-2）。

3）当采用纤维复合材对受弯构件负弯矩区进行正截面加固时，应采取下列构造措施：

（1）梁支座处无障碍物时，纤维复合材应在负弯矩包络图范围内连续粘贴；其延伸长度的截断点应位于正弯矩区，且距离负弯矩转换点不应小于 1m。

（2）支座处虽有障碍物，但梁上有现浇板，且允许绕过柱位时，宜在梁侧各 4 倍板厚范围内，将纤维复合材粘贴于板面上（图 6.5.10-3）。

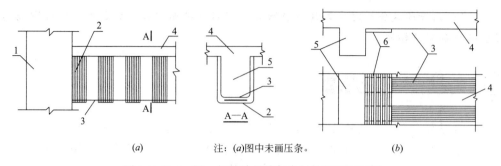

(a)　　　　注：(a)图中未画压条。　　　　(b)

图 6.5.10-2　梁、板粘贴纤维复合材端部锚固措施

（a）U 形箍；（b）横向压条

1—柱；2—U 形箍；3—纤维复合材；4—板；5—梁；6—横向压条

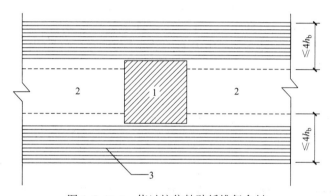

图 6.5.10-3　绕过柱位粘贴纤维复合材

1—柱；2—梁；3—板顶面粘贴的纤维复合材；h_b—板厚（mm）

（3）当梁上无现浇板，且负弯矩支座遇到障碍时，负弯矩区的支座需要采取加强锚固措施，可采用胶粘 L 形钢板（图 6.5.10-4）的构造方式。但柱中箍板的锚栓等级、直径及数量应经计算确定。

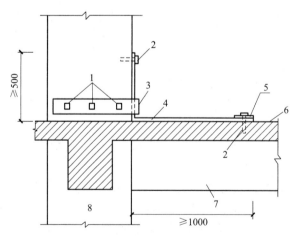

图 6.5.10-4　柱中部加粘贴 L 形钢板及 U 形钢箍板的锚固构造实例

1—d≥M22 的 6、8 级锚栓；2—M12 锚栓；3—U 形钢箍板，胶粘于柱上；4—胶粘 L 形钢板；

5—横向钢压条，锚于楼板上；6—加固粘贴的纤维复合材；7—梁；8—柱

（4）在框架顶层梁柱的端节点处，纤维复合材只能贴至柱边缘而无法延伸时，应采取结构胶加贴L形碳纤维板或L形钢板进行粘贴与锚固（图6.5.10-5）。L形钢板或碳纤维板截面面积需要经过计算确定。

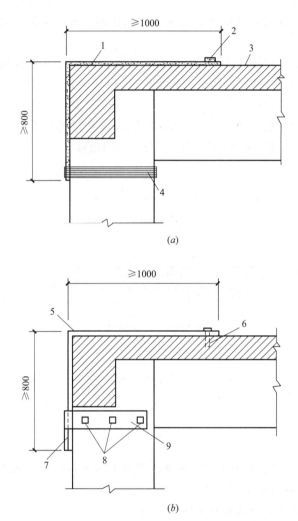

图 6.5.10-5 柱顶加粘贴 L 形纤维复合材或钢板锚固构造

（a）柱顶加贴 L 形碳纤维板锚固构造；（b）柱顶加贴 L 形钢板锚固构造

1—粘贴 L 形碳纤维板；2—横向压条；3—纤维复合材；4—纤维复合材围束；5—粘贴 L 形钢板；
6—M12 锚栓；7—加焊顶板（预焊）；8—d≥M16 的 6.8 级锚栓；9—胶粘于柱上的 U 形钢箍板

6.5.11 当采用纤维复合材对钢筋混凝土梁或柱的斜截面承载力进行加固时，其构造应符合下列规定：

1 应选用环形箍或端部采用有效锚固措施的 U 形箍；

2 箍的纤维受力方向应与构件轴向垂直；

3 当采用纤维复合材条带围箍时，其净间距不应大于 100mm；

4 当梁的高度 h≥600mm 时，尚应在梁的腰部增设一道纵向腰压带。

延伸阅读与深度理解

1）本条对采用纤维复合材对钢筋混凝土梁或柱的斜截面承载力进行加固时的基本构造进行了规定。

2）当环形箍、端部自锁式 U 形箍或一般 U 形箍采用纤维复合材条带时，其净间距 $S_{f.n}$（图 6.5.11）不应大于现行规范对梁箍筋间距要求的 0.7 倍，且不应大于梁高的 0.25 倍。

3）当被加固的梁高度 h 大于等于 600mm 时，应在梁的腰部增设一道纵向腰带压条（图 6.5.11）；必要时，也可在腰带压条端部增设自锁装置。

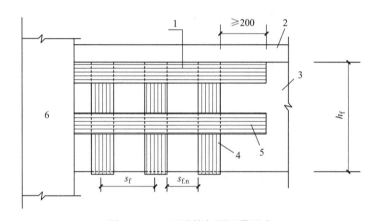

图 6.5.11 环形箍与腰压带示意

1—纵向压条；2—板；3—梁；4—U 形箍；5—纵向腰压条；

6—柱；s_f—U 形箍的中心间距（m）；$s_{f.n}$—U 形箍的净间距（m）；

h_f—梁侧面粘贴的条带竖向高度（m）

6.5.12 当采用纤维复合材的环向围束对钢筋混凝土柱进行正截面加固或提高延性的抗震加固时，其构造应符合下列规定：

1 环向围束的纤维织物层数不应少于 3 层；

2 环向围束应沿被加固构件的长度方向连续布置；

3 当采用纤维复合材加固钢筋混凝土柱时，柱的两端应增设锚固措施。

 延伸阅读与深度理解

1）这些规定是参照美国 ACI 440 指南、欧洲 CEB-FIP（fib）指南、我国台湾工业技术研究院的设计实录以及修订组的试验资料制定的。

2）图 6.5.12 所示为柱纤维布环向围束加固示意图。

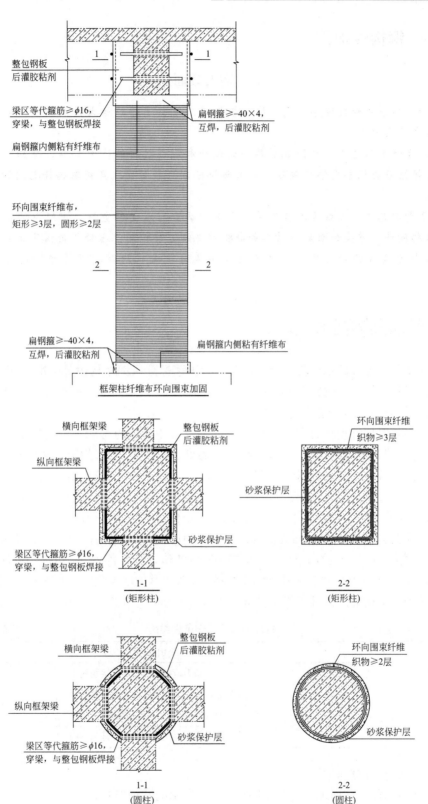

图 6.5.12 柱纤维布环向围束加固示意图

6.6 钢构件加固

I 增大截面法

6.6.1 当采用焊接连接、高强度螺栓连接或铆钉连接的增大截面法加固钢结构构件时，应符合下列规定：

1 完全卸荷状态下，应保证原构件的缺陷和损伤已得到有效补强，原构件钢材强度设计值已根据安全性鉴定报告确定；当采用焊接方法加固时，其新老构件之间的可焊性已得到确认。

2 负荷状态下，应核查原构件最大名义应力，对承受特重级、重级动力荷载或振动作用的结构构件，焊接加固后应对其剩余疲劳寿命进行评定；当处于低温下工作时，尚应对其低温冷脆风险进行评定。当评定结果确认有较大风险时，不得进行负荷状态下的加固。

 延伸阅读与深度理解

1) 非受荷下加固的钢构件的计算可按现行国家标准《钢结构设计标准》GB 50017 的规定进行，但因需要考虑被加固部分材料性质的变化、缺陷修补、截面和构件几何受力特征改变等，故应满足本规范规定的条件。

2) 考虑到原构件钢材有硬化、韧性降低、疲劳和断裂的可能，故应根据其所受荷载性质（静力、动力或多次反复）、环境状态（温度、湿度等）和结构的连接方式（焊接或螺栓、栓焊混合连接、铆钉连接），即结构的设计工作条件，选择截面以控制最大名义应变范围（弹性、部分塑性或塑性发展），以保证结构的耐久性、安全性和经济合理性，并依此划分构件的工作类别，其中 I 类结构的使用条件最不利于结构的加固工作。

3) 因为在实际工程中完全卸荷或大量卸荷一般是难以实现的，为此本条对四类不同设计工作条件的结构，分别给出了负荷下焊接加固时的初始最大名义应力的限制条件。若不符合这些规定，不得在负荷状态下进行焊接加固，应改用其他增大截面的方法进行加固。

4) 被加固钢构件的设计工作条件分类见表 6.6.1-1。

构件的设计工作条件类别　　　　　　　　　　　表 6.6.1-1

类别	使用条件
I	特繁重动力荷载作用下的焊接结构
II	除 I 外直接承受动力荷载或振动荷载的结构
III	除 IV 外仅承受静力荷载或间接动力荷载作用的结构
IV	受有静力荷载并允许按塑性设计的结构

5) 常用钢构件截面加固形式

（1）受拉构件的截面加固可采用图 6.6.1-1 所示的几种形式。

（2）受压构件的截面加固可采用图 6.6.1-2 所示的几种形式。

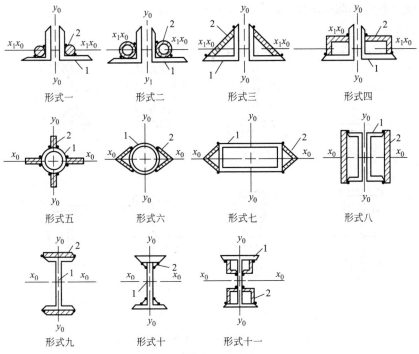

图 6.6.1-1 受拉构件的截面加固形式

1—原截面；2—新加截面

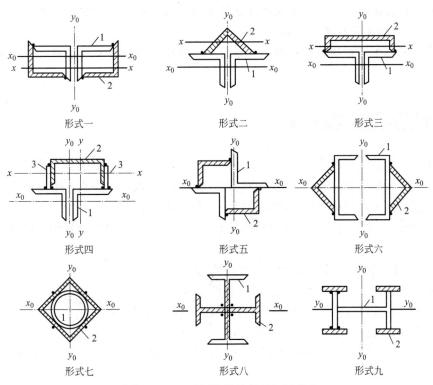

图 6.6.1-2 受压构件的截面加固形式

1—原截面；2—新加截面；3—辅助板件

（3）受弯杆件的截面加固形式如图 6.6.1-3 所示。

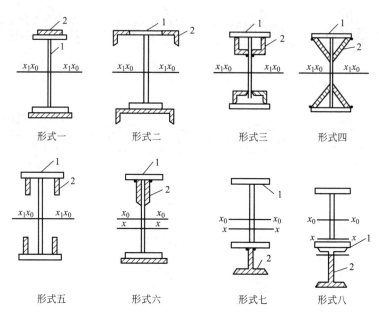

形式一   形式二   形式三   形式四

形式五   形式六   形式七   形式八

图 6.6.1-3   受弯构件的加固截面形式
1—原截面；2—新加截面

6.6.2   钢构件增大截面加固的构造，应符合下列规定：

1   应采取措施保证加固件与原构件能够共同工作，板件应无明显变形，板件应有良好的稳定性，并避免产生不利的附加应力；

2   负荷状态下进行钢结构加固时，应避免加固件截面的变形或削弱对安全产生显著影响。

 延伸阅读与深度理解

1）负荷下加固钢结构构件时，常需要进行焊接，开、扩螺栓孔洞。此时必须制定合理的施工工艺，保证构件在施工过程中有足够的承载力，以免加固施工中发生工程事故。

2）负荷状态下，钢构件增大截面加固宜符合下列条件：

（1）当为焊接加固时，应核查原构件最大名义应力 σ_{omax}，且应满足相关标准对各类结构规定的 σ_{omax}/f_y 的下列限值：

① 对承受特重级动力荷载作用的 I 类结构为 [0.2]；

② 对承受重级动力荷载或振动作用的 II 类结构为 [0.4]；

③ 对承受间接动力荷载或仅承受静力荷载的 III 类结构为 [0.65]；

④ 对承受静力荷载且允许按塑性设计的 IV 类结构为 [0.8]。

（2）当为高强度螺栓摩擦型连接或铆钉连接加固时，其 σ_{omax} 与 f_y 比值的限值为 [0.85]。

Ⅱ 粘贴钢板法

6.6.3 当采用粘贴钢板对钢结构受弯、受拉、受压或受剪的实腹式构件进行加固时，应符合下列规定：

1 粘贴钢板加固的钢构件，表面应采取喷砂方法进行处理；

2 粘贴在钢构件表面上的钢板，其最外层表面及每层钢板的周边均应进行防腐蚀处理；钢板表面处理用的清洁剂和防腐蚀材料不应对钢板及结构胶的工作性能和耐久性产生不利影响。

 延伸阅读与深度理解

1）钢结构构件的表面处理方法，对粘钢的粘结强度有显著影响。根据 ISO 有关标准的推荐，在保证结构胶粘结性能和质量的前提下，对碳钢而言喷砂是钢结构构件表面糙化处理的首选方法，它可以保证钢板与原加固构件表面的粘合更牢固。

2）对粘贴在钢结构表面的钢板之所以要进行防护处理，主要是考虑加固的钢板一般较薄，容易因锈蚀而显著削弱截面，或引起粘合面剥离破坏，其后果必然影响使用安全。钢结构构件表面、粘贴钢板表面的防锈蚀和清理，是影响结构胶力学性能和耐久性能的重要方面。严禁采用与结构胶粘剂发生化学反应或影响结构胶性能的清洁剂和防锈材料。一般需要结构胶的供应商提供与结构胶粘剂配套使用的清洁剂和防锈材料。

3）对受有气相腐蚀的钢结构原构件，当其截面面积损失大于 25% 或其板件剩余厚度小于 5mm 时，其验算时的钢材强度设计值，尚应乘以表 6.6.3-1 规定的强度降低系数。

考虑腐蚀损伤的强度降低系数　　　　　　表 6.6.3-1

腐蚀性等级	强度降低系数
强腐蚀	0.8
中等腐蚀	0.85
弱腐蚀	0.9
微腐蚀	可不降低

4）为了减少二次受力影响，也就是降低钢板的滞后应变，采用粘贴钢板加固时，应采取措施卸除或大部分卸除作用在加固构件上的活荷载。

5）粘贴钢板的结构胶一般是可燃的，故应按现行国家标准《建筑设计防火规范》GB 50016 规定的耐火等级和耐火极限要求采取防护措施。

6）考虑到胶体材料的特性及其施工工艺的高要求等因素，可能对被加固构件工作产生的影响，以及加固后引起的翼缘板和腹板应力的变化等因素，有必要控制加固后构件的承载力提高幅度。为了保证粘钢加固的可靠性，规定其受弯承载力以及受剪承载力的提高幅度，均不应超过 30%。

7）轴心受拉情况下，只要被加固构件端部锚固构造可靠、合理，其计算截面就能达到极限状态，但应考虑后加固的粘钢与原构件之间的协调工作问题。慎重起见，要求承载力的提高不应大于原构件承载力的30%。

8）由于胶体变形能力和抗剪强度的局限性，不适宜粘贴厚型钢板；考虑到加固增量、施工工艺以及施工方便程度等方面的因素，对粘贴钢板的总厚度作出适当的限制。采用手工涂胶粘贴的单层钢板厚度不应大于5mm，采用压力注胶粘贴的钢板厚度不应大于10mm。

9）当工字钢或H型钢梁的腹板局部稳定不满足规范要求时，可采用在腹板两侧粘贴T形钢部件进行加固（图6.6.3-1），T形钢部件的厚度不应小于6mm。对T形钢部件粘贴宽度的要求是为了保证腹板与T形钢翼缘板间有足够的胶粘面积，以满足可靠连接要求。

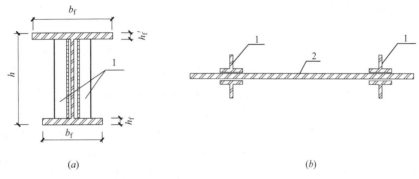

图6.6.3-1　工字形截面腹板局部稳定加固
1—T形粘钢；2—腹板

10）在受弯构件的受拉边或受压边钢构件表面上粘钢加固时，从构造方面要求粘钢板的宽度不应超过加固构件的宽度；其受拉面沿构件轴向连续粘贴的加固钢板宜延长至支座边缘，且应在包括截断处的钢板端部及集中荷载作用点的两侧设置不少于2M12的连接螺栓（图6.6.3-2），作为粘钢端部的机械锚固措施；对受压边的粘钢加固，尚应在跨中位置设置不少于2M12的连接螺栓。

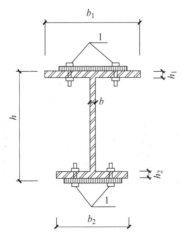

图6.6.3-2　工字形截面受弯加固端部构造
1—2M12 螺栓

【工程案例】2016年笔者单位承担的北京某游泳馆网架加固补强设计。

北京某游泳馆改造工程，总建筑面积约为10160m²，其中游泳馆部分建筑面积约为2200m²，建成于2002年，为钢筋混凝土框架结构。其中，游泳馆部分总长度为64.6m，宽度为32.6m，总高度为18.6m；框架柱间距为8m；屋盖为双层柱面网壳、夹心铝板C型钢檩条体系（图6.6.3-3、图6.6.3-4）。

图6.6.3-3 现场实景及杆件节点锈蚀图

图6.6.3-4 现场施工实景图片

2016年，该游泳馆建筑，因使用年限较长、内部湿度高等原因，网架及屋面围护结构出现不同程度的变形、破损、锈蚀，因此甲方委托我司仅对原网架结构进行相关复核验算及加固设计工作。

本次检测报告提到杆件设计壁厚与现场实测存在一定差异。抽测的57根杆件中，锈蚀前实测值壁厚和设计值壁厚大致相同的杆件只有7根，其他杆件锈蚀前实测值壁厚均小于设计值壁厚。例如：21号杆，原设计值为48mm×3.5mm，而检测报告指出锈蚀前实测值为48.42mm×2.3mm；56号杆，原设计值为133mm×6mm，而检测报告指出锈蚀前实测值为133mm×4.6mm。

我司依据检查报告及今后使用荷载采用美国CSI公司出品的集成化建筑结构分析与设计软件系统SAP2000（V18）进行了网架整体分析验算：

根据复核计算共492根杆件需要加固处理，具体为上弦杆208根，下弦杆128根，腹杆156根。其中，受压336根杆，受拉156根杆。受压杆拟采用外套管加固方法，受拉杆拟采用碳纤维加固方法。具体方案如图6.6.3-5所示。

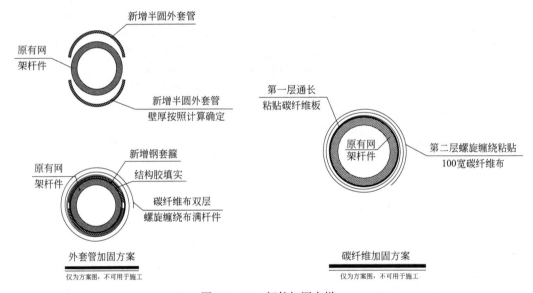

图6.6.3-5 杆件加固大样

改造完毕后应对网架的施工质量进行检测，合格后方可使用。后续使用过程中应定期检查（首次检查在加固施工后10年以内，以后建议每隔5年检查一次，直到结构设计使用年限）并定期进行变形监测，如发现结构构件产生过大变形、位移等不适于继续承载的损坏，应立即采取相应措施进行处理。如遇偶然事故：如火灾、地震、飓风或人为破坏等，必须立即对结构进行检测、维护处理。

6.6.4 钢构件粘贴钢板加固构造，应符合下列规定：

1 当工字形钢梁的腹板局部稳定验算不满足要求时，应采用在腹板两侧粘贴T形钢件或角钢的方法进行增强，其T形钢件的粘贴宽度不应小于板厚的25倍。

2 在受弯构件受拉边或受压边表面上进行粘钢加固时，粘贴钢板的宽度不应超过加固构件的宽度；其受拉面沿构件轴向连续粘贴的加固钢板应延伸至支座边缘，且应在钢板端部及集中荷载作用点的两侧设置不少于2M12的连接螺栓；对受压边的粘钢加固，尚应在跨中位置设置不少于2M12的连接螺栓。

3 采用手工涂胶粘贴的单层钢板厚度不应大于5mm，采用压力注胶粘贴的钢板厚度

不应大于10mm。

延伸阅读与深度理解

1）对于 T 形钢部件粘贴宽度的要求是为了保证腹板与 T 形钢冀缘板有足够的粘贴面积，以满足连接可靠。对粘钢增设连接螺栓的规定是为了避免削弱截面强度的同时又有效提高构件整体性。

2）当工字钢的腹板局部稳定不符合规定时，可采用在腹板两侧粘贴 T 形钢板的方法进行加固（图 6.6.4-1），T 形钢部件的厚度不应小于 6mm，其中 T 形钢件的粘贴宽度不应小于板厚的 25 倍。

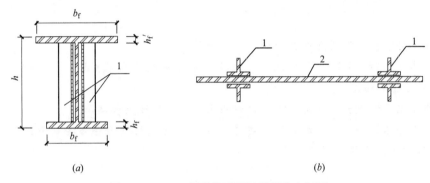

图 6.6.4-1　工字形截面腹板局部稳定加固
1—T 形粘钢；2—腹板

3）在受弯构件的粘钢加固中，从构造方面要求粘贴钢板的宽度不应超过加固构件的宽度；从受力合理性角度，要求其受拉面的加固板须沿构件轴向连续粘贴，并延长至支座边缘，且应配合必要的锚固连接螺栓（图 6.6.4-2）。为了避免削弱截面强度，对受拉边的跨中不增设连接螺栓；对于受压边跨中应增设连接螺栓，可有效提升构件整体性。

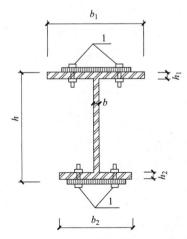

图 6.6.4-2　工字形截面受弯加固端部构造
1—M12 螺栓

4） 由于胶体变形能力和抗剪强度的局限性，不适宜粘贴厚形钢板；考虑到加固增量、施工工艺以及施工方便程度等因素，对粘钢厚度做了规定。

Ⅲ 外包钢筋混凝土法

6.6.5 当采用外包钢筋混凝土法加固受压、受弯或偏心受压的型钢构件时，应对原型钢构件进行清理，并应铲除原有的涂装层。

 延伸阅读与深度理解

对原型钢构件进行清理，并铲除原有涂装层，是保证新增混凝土与原型钢构件可靠连接的必要措施。

6.6.6 外包钢筋混凝土加固构造，应符合下列规定：

1 采用外包钢筋混凝土加固法时，混凝土强度等级不应低 C30；外包钢筋混凝土的厚度不应小于 100mm。

2 外包钢筋混凝土内纵向受力钢筋的两端应有可靠连接和锚固。

3 采用外包钢筋混凝土加固时，对过渡层、过渡段及钢构件与混凝土间传力较大部位，应在原构件上设置抗剪连接件。

 延伸阅读与深度理解

1） 外包钢筋混凝土厚度的规定是保证型钢结构构件耐火性、耐久性，并保证钢构件不产生局部压屈的重要条件。同时，应考虑施工方便，能使混凝土浇筑密实。因此，规定外包混凝土厚度不能太小。

2） 为了保证力的可靠传递，纵向受力钢筋两端应有可靠的连接和锚固，柱下端应深入基础并应满足锚固要求；其上端应穿过楼板与上层节点连接或在屋面板处封顶锚固。

3） 采用外包钢筋混凝土加固钢结构构件的截面设计是采用叠加原理，在计算中并未要求钢构件与混凝土共同工作，一般不需要设置抗剪连接件。当然，对于过渡层、过渡段、型钢构件与混凝土间传力较大部位，为保证型钢构件与外包混凝土间的传力可靠和共同受力，仍宜设置抗剪连接件。

【工程案例】2005 年笔者应甲方要求对三管钢烟囱进行加固设计。

工程概况：宁波市枫林垃圾焚烧发电工程建于 2001 年 5 月，是国内较早建成的大型垃圾焚烧发电工程。日处理生活垃圾 1050t，其中有 3 台 350t 焚烧炉是由德国引进的，根据工艺流程要求，3 台焚烧炉需要配置 3 根高度 80m 的烟囱。工程投产后一直运行良好，但 2005 年业主发现原设计的三管钢烟囱（也是笔者设计的）腐蚀严重，要求我院（中国有色工程设计研究总院）对其进行加固处理。

经过方案比选，决定采取外包混凝土加固，具体做法：直接在每根钢烟囱外包200mm 厚的钢筋混凝土。连接钢桁架也采用外包钢筋混凝土，此方案优点是：维持原三管烟囱的外形（图 6.6.6）。

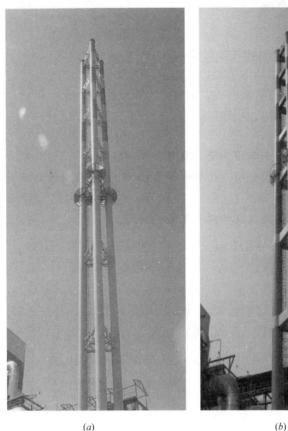

(a) $\qquad\qquad\qquad$ (b)

图 6.6.6 加固前后三管烟囱图

(a) 加固前三管钢烟囱；(b) 外包混凝土加固后三管烟囱

此方案优点是：不需要停产，占地面积小，施工可采用滑膜，加固后的耐久性好等。

特别说明：1）本工程的三管钢烟囱设计笔者曾撰写论文《三管钢烟囱设计》刊登在《钢结构》（2002 年第 6 期）上。

2）本加固设计笔者曾撰写论文发表在首届全国既有结构加固改造设计与施工技术交流会论文集中（2007 年，第三十七卷增刊），各位可以参考。

Ⅳ 钢管构件内填混凝土加固法

6.6.7 当采用内填混凝土加固法加固轴心受压和偏心受压的圆形或方形截面钢管构件时，应符合下列规定：

1 圆形钢管的外直径不应小于 200mm；钢管壁厚不应小于 4mm。

2 方形钢管的截面边长不应小于 200mm；钢管壁厚不应小于 6mm。

3 矩形截面钢管的高宽比 h/b 不应大于 2。

4 被加固钢管构件应无显著缺陷或损伤；当有显著缺陷或损伤时，应在加固前修复。

延伸阅读与深度理解

1）为保证混凝土浇筑质量，对钢管直径或边长最小值作出规定，同时为避免加固后形成的钢管混凝土构件在丧失整体承载能力之前钢管壁板件局部屈曲，除对钢管壁厚作出最小值规定外，还应保证钢管全截面有效，对截面高宽比作出规定。

2）当被加固钢管有显著缺陷、损伤时，应先进行修复再加固。

6.6.8　钢管构件内填混凝土加固构造，应符合下列规定：

1　混凝土强度等级不应低于C30，且不应高于C80。当采用普通混凝土时，应减小混凝土收缩的不利影响。

2　混凝土浇筑完毕后应将浇筑孔和排气孔补焊封闭。

 延伸阅读与深度理解

1）考虑到混凝土与钢材的合理匹配，为保证质量，提出了混凝土强度等级不低于C30的要求，并应采取措施减小管内混凝土由于收缩等可能产生的不利影响。

2）采用内填混凝土加固时，为了减小二次受力的影响，宜采取措施对原结构上的活载进行卸荷。

3）施工时为了灌注混凝土密实，在原结构上开设的临时浇筑孔、排气孔等均应补焊封闭。

笔者补充的改变结构体系法：

笔者不清楚本规范为何没有提及这种改变结构体系法（笔者理解可能这些方法通常比较容易用在工业建筑中），其实这种通过改变结构体系或改变荷载传递途径的方法，通常是较为有效而经济的加固途径。

目前，常用的是通过改变传力途径、荷载分布、节点性质、边界条件、增设附加构件或支撑、施加预应力、考虑空间协同工作等手段，改变结构体系或计算图形，以调整原结构内力，使结构按加固设计要求进行内力重分配，从而达到加固的目的。

当选用改变结构或构件刚度的方法对钢结构进行加固时，可选用下列方法：

（1）可增设支撑系统形成空间结构并按空间受力进行验算，如某工业厂房（图6.6.8-1），通过增加屋面周圈水平支撑，加强厂房的空间整体性。

（2）增设支柱或撑杆增加结构刚度（图6.6.8-2）。

（3）可增设支撑或辅助杆件使构件的长细比减小，提

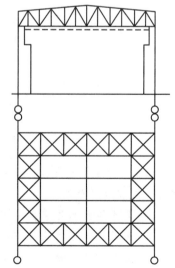

图 6.6.8-1　增设支撑系统以
形成空间作用示意

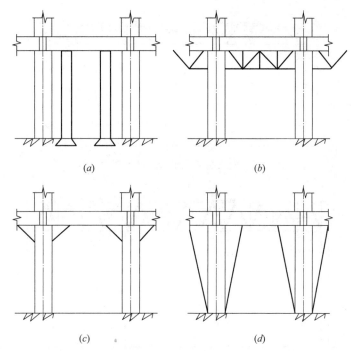

图 6.6.8-2 增设支柱或撑杆以改变体系示意
(a) 增设梁支柱；(b) 增设梁撑架；(c) 增设角撑；(d) 增设斜立柱

高整体及构件稳定性（图 6.6.8-3）。

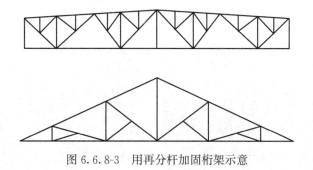

图 6.6.8-3 用再分杆加固桁架示意

（4）在排架结构中，可重点加强某柱列的刚度（图 6.6.8-4）。

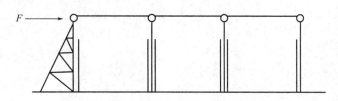

图 6.6.8-4 加强边列柱刚度示意

（5）在桁架中，可通过将端部铰接改为刚接，改变受力状态（图 6.6.8-5）。

（6）可增设中间支座，或将简支结构端部连接成为连续结构（图 6.6.8-6）；对连续结构，可采取措施调整结构的支座位置。

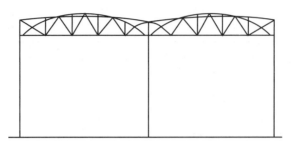

图 6.6.8-5　桁架端部支座由铰接改变为刚接示意

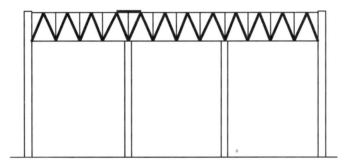

图 6.6.8-6　托架增设中间支座示意

笔者建议：其实改变结构体系或改变荷载传递途径等在很多工程中都可以采用，特别是近些年不少工业厂房改变功能后，作为民用建筑使用时，如某工业厂房改造后作为办公用房（图 6.6.8-7），以上这些做法都可以参考。

图 6.6.8-7　某厂房改造后内景（一）

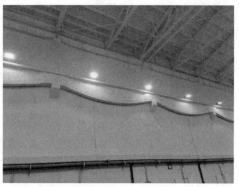

图 6.6.8-7　某厂房改造后内景（二）

6.7　砌体构件加固

笔者认为有必要先简要谈谈"砌体结构的现状及加固应注意的几个共性问题"。

1　我国砌体结构现状

砌体结构在我国应用广泛、历史悠久，在我国城镇建筑中占有相当大的比例，尤其是20世纪80—90年代，砌体结构发展迅速，民用建筑如住宅、办公楼等大量采用体砌承重。据资料统计，1980年全国砖的产量约为1566亿块，1996年增至6200亿块，为当期世界各国砖年产量总和。因此，使用年限大多数都已经40~50年，甚至多数接近设计使用年限。国内目前存留的大量砌体结构建筑，由于建筑年代比较久远及当时的设计条件等原因，加上砌体结构房屋本身的整体性差，材料脆性大，强度低，随时间的增长，砂浆强度、砖强度均会出现因材料老化而进一步降低的现象，使得结构的安全性、可靠性大大降低，抗连续倒塌能力低等。在地震后往往会看到有大量的砌体结构倒塌，特别是未经过抗震设防的体砌结构。如我国的汶川、玉树等地震后，发现砌体结构的倒塌率远高于其他结构（图6.7）。因此，今后会有大量在使用的砌体结构房屋需要进行抗震加固，提高其安全、可靠性，保证其正常使用。

2　砌体结构加固应特别注意的一些问题

（1）不同类型的结构，在整体牢固性上有显著的差别；即使同样满足承载力安全度的要求，砌体结构的整体安全性仍然很难与钢筋混凝土结构和钢结构相比拟；以致在遭遇偶然事件时，往往会发生连续倒塌。然而，一旦采取了有效的构造措施，则情况将大为不同。不少砌体结构在各种灾害后，之所以能幸存、可修，就是因为设计在结构整体牢固性的考虑上，采取了正确的构造措施。这对砌体结构的加固设计而言，更显得重要。因为现有砌体结构普遍存在着影响整体性的缺陷，倘若不在加固的同时加以整治，则再好的局部性加固，也无法抵御不测事件的破坏作用。

（2）被加固的混凝土构件、砌体构件，其加固前的服役时间各不相同，其加固后的建筑功能又有所改变，因此不能直接沿用其新建时的安全等级，而应根据业主对该结构下一目标使用的要求，以及该房屋加固后的用途和重要性重新进行定位，故有必要由业主与设计单位共同确定后续使用年限。

（3）一般情况下，砌体结构宜按后续设计年限30年考虑；到期后，若重新进行的可

图 6.7　近些年地震后倒塌的砌体结构

靠性鉴定认为该结构工作正常，仍然可以继续延长其使用年限。

（4）砌体结构的加固设计，应根据结构特点，选取科学、合理的加固方案，并应与实际施工方法紧密结合，采取有效措施，保证新增构件及部件与原结构连接可靠，新增截面与原截面粘结牢固，形成整体共同工作；并应避免对未加固部分，以及相关的结构、构件和地基基础造成不利的影响。这是两个常识性的基本要求，之所以需要强调，是因为在当前的结构加固设计领域中，经验不足的设计人员占比较大，致使加固工程中"顾此失彼"的失误案例时有发生。故必须引起足够重视。

Ⅰ　钢筋混凝土面层法

6.7.1　当采用钢筋混凝土面层加固砌体构件时，原砌体与后浇混凝土面层之间应作界面处理。

1) 钢筋混凝土面层加固方法属于复合截面加固法的一种。其优点是施工工艺简单，适应性强，受力可靠，加固费用较低，砌体加固后承载力有较大提高，并具有成熟的设计和施工经验，适用于柱、墙和带壁柱的加固；其缺点是现场施工的湿作业时间长，养护期长，占用使用空间大，对生产和生活有一定的影响。图 6.7.1 所示为采用双面钢筋混凝土面层加固法的某工程，其加固后的建筑物净空有一定的减小。

图 6.7.1 某砌体结构采用钢筋混凝土面层加固法

2) 外加钢筋混凝土面层加固砌体结构应严格按要求做好界面处理，并采取措施保证粘结质量，以使原构件与新增部分的结合面能可靠地协同传力，达到良好的加固效果。

6.7.2 砌体构件外加混凝土面层加固的构造，应符合下列规定：

1 钢筋混凝土面层的截面厚度不应小于 60mm；当采用喷射混凝土施工时，不应小于 50mm。

2 混凝土强度等级不应低于 C25。

3 竖向受力钢筋直径不应小于 12mm，纵向钢筋的上下端均应锚固。

4 当采用围套式的钢筋混凝土面层加固砌体柱时，应采用封闭式箍筋。柱的两端各 500mm 范围内，箍筋应加密，其间距应取为 100mm。若加固后的构件截面高度 $h \geqslant$ 500mm，尚应在截面两侧加设竖向构造钢筋，并应设置拉结钢筋。

5 当采用两对面增设钢筋混凝土面层加固带壁柱墙或窗间墙时，应沿砌体高度每隔 250mm 交替设置不等肢 U 形箍和等肢 U 形箍。不等肢 U 形箍在穿过墙上预钻孔后，应弯折焊成封闭箍。预钻孔内用结构胶填实。对带壁柱墙，尚应在其拐角部位增设竖向构造钢筋与 U 形箍筋焊牢。

1) 本条规定最小混凝土截面厚度主要是为保证加固施工时后浇混凝土的灌注质量，

以及必需的混凝土保护层厚度而作出的规定。调查和施工经验均表明，如果后浇混凝土的截面厚度小于60mm，则浇捣就比较困难且不易振捣密实；当采用喷射混凝土法施工时，其质量易控制，故厚度可以采用50mm。

2）规定混凝土最低强度指标，主要是为了保证新浇混凝土与原砌体构件界面以及它与新加受力钢筋或其他加固材料之间能有足够的粘结强度，使之能达到整体共同受力。通常因加固采用的混凝土厚度较小，浇灌空间有限，施工条件较差。调查和试验均表明，在小空间模板内浇灌的混凝土均匀性比较差，其现场取芯确定的混凝土抗压强度可能要比正常浇灌的混凝土抗压强度低10%左右，因此有必要适当提高其强度等级。

3）另外提醒注意：由于目前使用的膨胀剂均存在着回缩问题，不能起到应有的作用。因此，在配置墙、柱加固用的混凝土时，不应采用膨胀剂；必要时，可掺入适量减缩剂。

4）规定加固用的竖向受力钢筋最小直径，实际上是为了保证施工质量，其净距不应小于30mm。竖向钢筋上端应锚入有配筋的混凝土梁、梁垫、板或牛腿内，下端应锚入基础内。竖向钢筋的接头应采用机械连接或焊接。

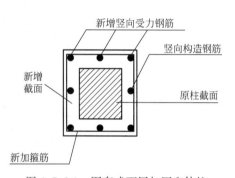

图 6.7.2-1 围套式面层加固砌体柱

5）当采用围套式的钢筋混凝土面层加固砌体柱时，应采用封闭式箍筋，箍筋直径不应小于6mm，箍筋间距不应大于150mm。柱的两端各500mm范围内，箍筋应加密，其间距应取为100mm。若加固后的构件截面高度 $h \geqslant 500mm$，尚应在截面两侧加设竖向构造钢筋（图6.7.2-1），并应设置拉结钢筋。

6）当采用两对面增设钢筋混凝土面层加固带壁柱墙（图 6.7.2-2）或窗间墙（图 6.7.2-3）时，应沿砌体高度每隔250mm交替设置不等肢U形箍和等肢U形箍。不等肢U形箍在穿过墙上预钻孔后，应弯折焊成封闭箍，并在封口处焊牢。预钻孔内用结构胶填实。对带壁柱墙，尚应在其拐角部位增设竖向构造钢筋与U形箍筋焊牢。

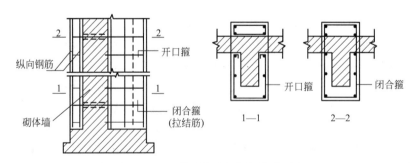

图 6.7.2-2 带壁柱墙的加固构造示意

7）如果现场检测砂浆强度低于M2.5，砌体结构可否采用板墙加固？

现场检测砂浆强度等级低于M2.5的多层砌体房屋可以采用板墙加固，但砂浆强度等级要满足《建筑抗震鉴定标准》GB 50023—2009规定的A、B类建筑的最低要求限值。

试验研究表明，板墙加固的增强系数与原砌体的砂浆强度等级有关，一般情况下，原

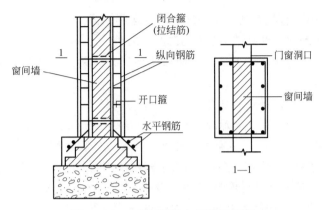

图 6.7.2-3 窗间墙的加固构造示意

有砂浆强度等级越低，增强系数越大，原有砌体的砂浆强度等级为 M2.5 和 M5 时增强系数可取 2.5，砌体砂浆强度等级为 M7.5 时增强系数可取 2，砌体砂浆强度等级为 M710 时增强系数可取 1.8。

砂浆强度小于 M2.5 时，采用板墙加固就起不到好的效果，此时可以考虑采用钢筋网砂浆法加固，其施工简单，且可以不设基础，可以自上而下不连续布置，加固费用也较低。

Ⅱ 钢筋网水泥砂浆面层法

6.7.3 当采用钢筋网水泥砂浆面层加固砌体构件时，应符合下列规定：

1 对于受压构件，原砌筑砂浆的强度等级不应低于 M2.5；对砌块砌体，其原砌筑砂浆强度等级不应低于 M2。

2 块材严重风化的砌体，不应采用钢筋网水泥砂浆面层进行加固。

 延伸阅读与深度理解

1）为保证工程质量和安全，本条明确规定了钢筋网水泥砂浆面层加固法的适用范围及加固墙体的基本要求。

2）块材严重风化的砌体，因表层损失严重及刚度退化加剧，面层加固法很难形成协同工作，其加固效果甚微，故对其进行了限制。

【问题讨论】这里仅说对于受压构件，原砌筑砂浆的强度等级不应低于 M2.5。那么对于受剪构件呢？本规范没有说明。我们看看其他规范。

（1）《建筑抗震加固技术规程》JGJ 116—2009

5.3.2 采用水泥砂浆面层和钢筋网砂浆面层加固墙体设计，尚应符合下列规定：原砌体实际的砌筑砂浆强度等级不宜高于 M2.5；这似乎和本《通规》矛盾了吧？

条文解释：面层加固的承载力计算，许多单位进行过试验研究并提出了相应的计算公式。结合工程经验，本规程提出了原砂浆强度等级不高于 M2.5 而面层砂浆为 M10 时的增强系数。当原砂浆强度等级高于 M2.5 时，面层加固效果不大，增强系数接近于 1。

笔者解读：①这里没有区分抗压或抗剪，要求原砌筑砂浆强度不宜高于 M2.5，说心里话，笔者直观概念判断可能是"印刷错误"。

②但条文解释得"有板有眼"……显然不是印刷错误。

（2）《砌体结构加固设计规范》GB 50702—2011

6.1.2 当采用钢筋网水泥砂浆面层加固法加固砌体构件时，其原砌体的砂浆强度等级应符合下列规定：

1 受压构件：原砌体砂浆的强度等级不应低于M2.5。

2 受剪构件：对砖砌体，其原砌体砂浆强度等级不宜低于M1；若为低层建筑，允许不低于M0.4；对砌块砌体，其原砌筑砂浆强度等级不应低于M2.5。

条文解释：为了使钢筋网水泥砂浆面层加固法加固有效，除了应注意提高砌体受压承载力之外，还应要求原砌体构件的砌筑砂浆强度等级不宜低于M2.5；当加固墙体受剪力作用时，除应要求原砌体构件的砌筑砂浆强度等级不应低于M1外，还应在6.5节《砌体结构加固设计规范》GB 50702—2011的构造规定中强调一些加强措施。

笔者解读：①对于受压构件：原砌筑砂浆等级不低于M2.5，与本《通规》一致。

②对受剪构件：原砌筑砂浆等级不宜低于M1（没有上限要求）。

笔者分析及建议：

① 显然，就这个问题，本《通规》与《建筑抗震加固技术规范》JGJ 116—2009概念不一致。

② 本《通规》与《砌体结构加固设计规范》GB 50702概念一致，只有最低要求，没有设置上限。笔者认为这些规定是合理的。

③ 建议今后遇到此类问题，首先本《通规》是必须执行的，但遗憾的是通规没有给出抗剪要求。

④ 至于抗剪要求，笔者认为可以采用《砌体结构加固设计规范》GB 50702的相关要求。只是如果原砌体砂浆强度大于M2.5时，增强系数取1。

⑤ 当然，如果遇到原砌体砌筑砂浆强度大于M2.5，也可改用混凝土面层法加固。

6.7.4 钢筋网水泥砂浆面层的构造，应符合下列规定：

1 当采用钢筋网水泥砂浆面层加固砌体承重构件时，其面层厚度，对室内正常湿度环境，应为35～45mm；对于露天或潮湿环境，应为45～50mm。

2 加固用的水泥砂浆强度及钢筋网保护层厚度应符合下列要求：

1）加固受压构件用的水泥砂浆，其强度等级不应低于M15；加固受剪构件用的水泥砂浆，其强度等级不应低于M10。

2）受力钢筋的砂浆保护层厚度，对墙不应小于20mm，对柱不应小于30mm；受力钢筋距砌体表面的距离不应小于5mm。

3 当加固柱或壁柱时，其构造应符合下列规定：

1）竖向受力钢筋直径不应小于10mm；受压钢筋一侧的配筋率不应小于0.2%；受拉钢筋的配筋率不应小于0.15%。

2）柱的箍筋应采用闭合式，其直径不应小于6mm，间距不应大于150mm。柱的两端各500mm范围内，箍筋间距应为100mm。

3）在壁柱中，不穿墙的U形筋应焊在壁柱角隅处的竖向构造筋上，其间距与柱的箍筋相同；穿墙的箍筋，在穿墙后应形成闭合箍；其直径应为8～10mm， 500～600mm替

换一支不穿墙的 U 形箍筋。

4）箍筋与竖向钢筋的连接应为焊接。

4 加固墙体时，应采用点焊方格钢筋网，网中竖向受力钢筋直径不应小于 8mm；水平分布钢筋的直径应为 6mm；网格尺寸不应大于 300mm。当采用双面钢筋网水泥砂浆时，钢筋网应采用穿通墙体的 S 形钢筋拉结；其竖向间距和水平间距均不应大于 500mm。

5 钢筋网四周应与楼板、梁、柱或墙体可靠连接。

延伸阅读与深度理解

1）为保证加固发挥最大效果，本条规定了钢筋网水泥砂浆面层加固法对面层厚度、砂浆强度等级、钢筋强度等级及钢筋的构造要求。

2）试验与实际工程检测表明，钢筋网竖筋紧靠墙面会导致钢筋与墙面无粘结，从而造成加固失效。采用预留 5mm 间隙，两者可有较强粘结，同时，钢筋网保护层厚度应满足规定，以保护钢筋，提高面层加固的耐久性。

3）钢筋网水泥砂浆面层加固可根据综合抗震能力指数控制，只在某一层进行，不需要自上而下延伸至基础。但在底层的外墙，为了提高耐久性，面层在室外地面以下宜加厚并向下延伸 500mm。

4）钢筋网水泥砂浆面层加固的钢筋网布置及典型连接构造，参见图 6.7.4-1。

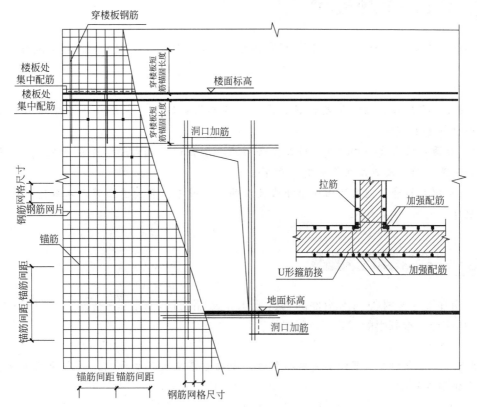

图 6.7.4-1 钢筋网水泥砂浆面层加固示意

5）采用钢筋网水泥砂浆加固墙体时，典型连接构造见图 6.7.4-2。

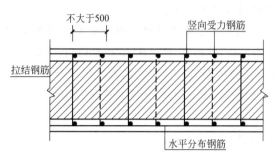

图 6.7.4-2 钢筋网砂浆面层加固墙体示意

6）试验研究表明，当采用钢筋网水泥砂浆面层厚度大于 50mm 后，增加其厚度对加固效果提高不大，如果面层厚度需要大于 50mm，则应改用混凝土面层，并重新进行设计。

6.8 木构件加固

6.8.1 当采用木材置换法加固时，应采用与原构件相近的木材，新旧连接除结合面处采用胶结外，置换连接段尚应增设钢板箍或纤维复合材环向围束封闭箍进行约束。

 延伸阅读与深度理解

为保证木构件加固有效，新旧构件形成整体共同工作，本条对木构件置换法加固提出了基本要求。

6.8.2 当采用粘贴纤维复合材加固时，应采用碳纤维、芳纶纤维或玻璃纤维复合材，并应符合下列规定：

1 加固木梁或受拉构件时，纤维复合材应在受拉面沿轴向粘贴并延伸至支座边缘，其端部和节点两侧应粘贴封闭箍或 U 形箍。

2 加固木柱时，应采用由连续纤维箍成的环向围束；其构造应符合本规范第 6.5.12 条的规定。

 延伸阅读与深度理解

采用纤维复合材加固木构件的构造要求是参照美国 ACI 440 指南、欧洲 CEB-FIP（fib）指南以及编制组的试验资料制定的。

6.8.3 当采用型钢置换加固木桁架时，新增型钢应伸入支承端，并与原木构件采用螺栓连接形成整体。

延伸阅读与深度理解

本条规定是为了保证新增型钢与原木构件形成整体共同工作，保证加固工程的质量与安全。

6.9 结构锚固技术

6.9.1 当结构加固采用植筋技术进行锚固时，应符合下列规定：

1 当采用种植全螺纹螺杆技术等植筋技术，新增构件为悬挑结构构件时，其原构件混凝土强度等级不得低于C25；当新增构件为其他结构构件时，其原构件混凝土强度等级不得低于C20。

2 采用植筋或全螺纹螺杆锚固时，其锚固部位的原构件混凝土不应有局部缺陷。

3 植筋不得用于素混凝土构件，包括纵向受力钢筋一侧配筋率小于0.2%的构件。素混凝土构件及低配筋率构件的锚固应采用锚栓，并应采用开裂混凝土的模式进行设计。

 延伸阅读与深度理解

1）承重构件植筋部位的混凝土应坚实、无局部缺陷，且配有适量钢筋和箍筋，才能使植筋正常受力。

2）原构件的混凝土强度等级直接影响植筋与混凝土的粘结性能，特别是悬挑结构、构件更为敏感。为此，必须规定对原构件混凝土强度等级的最低要求。

3）注意：植筋不得用于素混凝土构件，包括纵向受力钢筋一侧配筋率小于0.2%的构件。素混凝土构件及低配筋率构件的锚固应改用锚栓。

6.9.2 当混凝土构件加固采用锚栓技术进行锚固时，应符合下列规定：

1 混凝土强度等级不应低于C25。

2 承重结构用的机械锚栓，应采用有锁键效应的后扩底锚栓；承重结构用的胶粘型锚栓，应采用倒锥形锚栓或全螺纹锚栓；不得使用膨胀锚栓作为承重结构的连接件。

3 承重结构用的锚栓，其公称直径不得小于12mm；按构造要求确定的锚固深度不应小于60mm，且不应小于混凝土保护层厚度。

4 锚栓的最小埋深应符合现行标准的规定。

5 锚栓防腐蚀标准应高于被固定物的防腐蚀要求。

 延伸阅读与深度理解

1）对基材混凝土最低强度等级作出规定，主要是为了保证承载的安全。

（1）对既有混凝土结构，基材混凝土立方体抗压强度标准值宜采用检测结果推定的标准值。

（2）当原设计及验收文件有效，且结构无严重的性能退化时，可采用原设计的标准值。

2）因膨胀锚栓质量不稳定，易导致工程事故，因此限制其在承重结构中作为连接件使用。

3）承重结构用的机械锚栓，应采用有锁键效应的后扩底锚栓。这类锚栓按其构造方式的不同，又分为自扩底、模扩底和胶粘—模扩底三种；承重结构用的胶粘型锚栓，应采用胶粘型特殊倒锥形锚栓或胶粘型特殊全螺纹锚栓。

4）锚栓的选用应按锚栓性能、基材性状、锚固连接的受力性质、被连接结构类型、抗震设防烈度等要求选用。

（1）锚栓用于结构构件连接时的适用范围应符合表 6.9.2-1 的规定。

锚栓用于结构构件连接时的适用范围　　　　表 6.9.2-1

锚栓受力状态和设防烈度 锚栓类型			受拉、边缘受剪和拉剪复合受力				受压、中心受剪和压剪复合受力
			非抗震	6、7度	8度		≤8度
					0.2g	0.3g	
机械锚栓	膨胀型锚栓	扭矩控制式锚栓	适用		不适用		适用
		位移控制式锚栓	不适用				
	扩底型锚栓		适用		不适用		适用
化学锚栓	特殊倒锥形化学锚栓		适用		不适用		适用
	普通化学锚栓		不适用				适用

（2）锚栓用于非结构构件连接时的适用范围应符合表 6.9.2-2 的规定。

锚栓用于非结构构件连接时的适用范围　　　　表 6.9.2-2

锚栓受力状态 锚栓类型			受拉、边缘受剪和拉剪复合受力（抗震设防烈度不大于8度）		受压、中心受剪和压剪复合受力（抗震设防烈度不大于8度）	
			生命线工程	非生命线工程	生命线工程	非生命线工程
机械锚栓	膨胀型锚栓	扭矩控制式锚栓	适用于开裂混凝土		适用	
			适用于不开裂混凝土	不适用	适用	
		位移控制式锚栓	不适用			适用
	扩底型锚栓		适用			
化学锚栓	特殊倒锥形化学锚栓		适用			
	普通化学锚栓		适用于开裂混凝土		适用	
			适用于不开裂混凝土	不适用	适用	

注：1. 表中受压是指锚板受压，锚栓本身不承受压力。
　　2. 适用于开裂混凝土的锚栓是指满足开裂混凝土及裂缝反复开合下锚固性能要求的锚栓。

5）地震作用是一个反复荷载作用，从试验滞回性能和耗能角度分析，锚固连接破坏应控制为锚栓钢材破坏，避免混凝土基材破坏。后锚固技术适用于设防烈度 8 度及 8 度以下地区以钢筋混凝土、预应力混凝土为基材的后锚固连接。在承重结构采用后锚固技术时宜采用化学植筋（因其锚固深度可根据计算受力要求、基材尺寸及现场条件确定）；设防烈度不高于 8 度（0.2g）的建筑物，可采用后扩底锚栓和特殊倒锥形化学锚栓。

附录 A　纤维复合材安全性能鉴定标准

A.0.1　结构加固用的纤维复合材，其安全性能指标应分别符合表 A.0.1 的规定。

碳纤维复合材安全性能指标　　　　　　　　　　　　　　　　表 A.0.1

检验项目		合格指标				
		单向织物			条形板	
		高强Ⅰ级	高强Ⅱ级	高强Ⅲ级	高强Ⅰ级	高强Ⅱ级
抗拉强度（MPa）	标准值	≥3400	≥3000	—	≥2400	≥2000
	平均值	—	—	≥3000		
受拉弹性模量（MPa）		≥2.3×10⁵	≥2×10⁵	≥2×10⁵	≥1.6×10⁵	≥1.4×10⁵
伸长率(%)		≥1.6	≥1.5	≥1.3	≥1.6	≥1.4
弯曲强度(MPa)		≥700	≥600	≥500		
层间剪切强度(MPa)		≥45	≥35	≥30	≥50	≥40
纤维复合材与基材正拉粘结强度(MPa)		对混凝土和砌体材料：≥2.5，且为基材内聚破坏；对钢基材：≥3.5，且不得为粘附破坏				
单位面积质量(g/m²)	人工粘贴	≤300			—	
	真空灌注	≤450				
纤维体积含量(%)		—			≥65	≥55

注：表中指标，除注明标准值外，均为平均值。

A.0.2　结构加固用芳纶纤维复合材的安全性能指标应符合表 A.0.2 的规定。

芳纶纤维复合材安全性能指标　　　　　　　　　　　　　　　　表 A.0.2

检验项目		合格指标			
		单向织物		条形板	
		高强度Ⅰ级	高强度Ⅱ级	高强度Ⅰ级	高强度Ⅱ级
抗拉强度（MPa）	标准值	≥2100	≥1800	≥1200	≥800
	平均值	≥2300	≥2000	≥1700	≥1200
受拉弹性模量（MPa）		≥1.1×10⁵	≥8×10⁴	≥7×10⁴	≥6×10⁴
伸长率(%)		≥2.2	≥2.6	≥2.5	≥3
弯曲强度(MPa)		≥400	≥300	—	—
层间剪切强度(MPa)		≥40	≥30	≥45	≥35
纤维复合材与基材正拉粘结强度(MPa)		≥2.5，且为混凝土内聚破坏			
单位面积质量(g/m²)	人工粘贴	≤450		—	
	真空灌注	≤650			
纤维体积含量(%)		—		≥60	≥50

注：表中指标，除注明标准值外，均为平均值。

A.0.3 结构加固用玻璃纤维复合材的安全性能指标应符合表 A.0.3 的规定。

玻璃纤维复合材安全性能指标 表 A.0.3

检验项目		合格指标	
		高强度 S 玻璃纤维	无碱 E 玻璃纤维
抗拉强度标准值(MPa)		≥2200	≥1500
受拉弹性模量(MPa)		$\geq 1 \times 10^5$	$\geq 7.2 \times 10^4$
伸长率(%)		≥2.5	≥1.8
弯曲强度(MPa)		≥600	≥500
层间剪切强度(MPa)		≥40	≥35
纤维复合材与混凝土正拉粘结强度(MPa)		≥2.5,且为混凝土内聚破坏	
单位面积质量 (g/m^2)	人工粘贴	≤450	≤600
	真空灌注	≤550	≤750

注：表中指标，除注明标准值外，均为平均值。

 延伸阅读与深度理解

1) A.0.1～A.0.3 三条所述是碳纤维复合材、芳纶纤维复合材、玻璃纤维复合材质量控制的底线要求，经工程结构加固材料相关技术规范实施多年表明较为稳健、可靠，对次品检出能力较强。

2) 实际工程中，碳纤维复合材、芳纶纤维复合材、玻璃纤维复合材品种较多，质量参差不齐，对于设计人员来说，对材料提出性能要求是必须的。建议读者在设计说明中把以上要求写出。

3) 纤维复合材：采用高强度或高模量连续纤维按一定规则排列并经专门处理而成的、具有纤维增强效应的复合材料。

附录 B 结构加固用胶安全性能指标

B.0.1 既有建筑粘结加固应使用经过改性的结构胶。加固用的结构胶，按其最高使用温度应分为以下三类：

1 Ⅰ类适用的温度范围为—45～60℃；

2 Ⅱ类适用的温度范围为—45～95℃；

3 Ⅲ类适用的温度范围为—45～125℃。

对Ⅰ类结构胶，还应分为 A 级胶和 B 级胶；前者用于重要构件，后者用于一般构件。

 延伸阅读与深度理解

1）结构胶的性能在不同温度下差异很大，将建筑结构加固用结构胶粘剂按使用温度进行分类，避免因错误使用造成工程事故。

2）这就需要设计选择结构胶时进行说明。

3）结构胶粘剂的使用年限，在一定范围内，是可以根据其所采用的主粘料、固化剂、改性材和其他添加剂进行设计的。目前，加固常用的结构胶，一般是按 30 年工作年限设计的。因此，若需要进一步提高其工作年限，则应进行专门设计，并按《工程结构加固材料安全性鉴定技术规范》GB 50728—2011 的相关要求通过专项的检验与鉴定。

4）工程结构用的结构胶粘剂，其设计工作年限应符合下列规定：

（1）当用于既有建筑加固时，宜为 30 年，应通过耐湿热老化能力的检验；

（2）当用于新建工程（包含新建建筑改造加固）时，应为 50 年，应通过耐湿热老化及耐长期应力作用能力的检验；

（3）当结构胶达到设计工作年限时，若其胶粘能力经鉴定未发现明显退化者，允许适当延长其工作年限，但延长的年限须由鉴定机构通过检测，会同建筑产权人共同确定。

5）为了保证新建工程使用结构胶的安全，凡通过专项鉴定的结构胶，在供应时应出具"可安全工作 50 年"的质量保证书，并承担相应的法律责任。

B.0.2 以混凝土为基材，室温固化型的结构胶，其安全性能指标应包括粘结能力指标、长期工作安全性能指标和耐介质侵蚀能力指标，且应分别符合表 B.0.2-1～表 B.0.2-4 和表 B.0.6 的规定。

以混凝土为基材，粘贴钢材用结构胶粘结能力指标　　　　　表 B.0.2-1

检验项目		检验条件	检验合格指标			
			Ⅰ类胶		Ⅱ类胶	Ⅲ类胶
			A级	B级		
钢对钢拉伸抗剪强度（MPa）	标准值	(23±2)℃,(50%±5%)RH	≥15	≥12	≥18	
	平均值	(60±2)℃,10min	≥17	≥14	—	—
		(95±2)℃,10min	—	—	≥17	—
		(125±3)℃,10min	—	—	—	≥14
		(−45±2)℃,30min	≥17	≥14	≥20	
钢对钢对接粘结抗拉强度（MPa）		在(23±2)℃、(50%±5%)RH条件下，按所执行试验方法标准规定的加荷速度测试	≥33	≥27	≥33	≥38
钢对钢T冲击剥离长度（mm）			≤25	≤40	≤15	
钢对C45混凝土正拉粘结强度（MPa）			≥2.5,且为混凝土内聚破坏			
热变形温度（℃）		固化、养护21d,到期使用0.45MPa的弯曲应力进行测试	≥65	≥60	≥100	≥130
不挥发物含量（%）		(105±2)℃,(180±5)min	≥99			

注：表中各项指标，除注有标准值外，均为平均值。

以混凝土为基材，粘贴纤维复合材用结构胶粘结能力指标　　　　　表 B.0.2-2

检验项目		检验条件	检验合格指标			
			Ⅰ类胶		Ⅱ类胶	Ⅲ类胶
			A级	B级		
钢对钢拉伸抗剪强度（MPa）	标准值	(23±2)℃,(50%±5%)RH	≥14	≥10	≥16	
	平均值	(60±2)℃,10min	≥16	≥12	—	—
		(95±2)℃,10min	—	—	≥15	—
		(125±3)℃,10min	—	—	—	≥13
		(−45±2)℃,30min	≥16	≥12	≥18	
钢对钢对接粘结抗拉强度（MPa）		在(23±2)℃、(50%±5%)RH条件下,按所执行试验方法标准规定的加荷速度测试	≥40	≥32	≥40	≥43
钢对钢T冲击剥离长度（mm）			≤25	≤35	≤20	
钢对C45混凝土正拉粘结强度（MPa）			≥2.5,且为混凝土内聚破坏			
热变形温度（℃）		使用0.45MPa的弯曲应力进行测试	≥65	≥60	≥100	≥130
不挥发物含量（%）		(105±2)℃,(180±5)min	≥99			

注：表中各项指标，除注有标准值外，均为平均值。

以混凝土为基材，锚固用结构胶基本性能指标　　　　　表 B. 0. 2-3

检验项目		检验条件	检验合格指标			
			Ⅰ类胶		Ⅱ类胶	Ⅲ类胶
			A 级	B 级		
钢对钢拉伸抗剪强度（MPa）	标准值	(23±2)℃,(50%±5%)RH	≥10	≥8	≥12	
	平均值	(60±2)℃,10min	≥11	≥9	—	—
		(95±2)℃,10min	—	—	≥11	—
		(125±3)℃,10min	—	—	—	≥10
		(−45±2)℃,30min	≥12	≥10	≥13	
约束拉拔条件下带肋钢筋（或全螺纹）与混凝土粘结抗拔强度(MPa)		(23±2)℃,(50%±5%)RH	C30,φ25,l=150	≥11	≥8.5	≥11	≥12
			C60,φ25,l=125	≥17	≥14	≥17	≥18
钢对钢 T 冲击剥离长度(mm)		(23±2)℃,(50%±5%)RH	≤25	≤40	≤20	
热变形温度(℃)		使用 0.45MPa 的弯曲应力进行测试	≥65	≥60	≥100	≥130
不挥发物含量(%)		(105±2)℃,(180±5)min	≥99			

注：表中各项指标，除注有标准值外，均为平均值。

锚固用快固型结构胶粘结能力指标　　　　　表 B. 0. 2-4

检验项目		性能要求
钢对钢(钢套筒法)拉伸抗剪强度标准值(MPa)		≥16
钢对钢(钢片单剪法)拉伸抗剪强度平均值(MPa)		≥6.5
约束拉拔条件下带肋钢筋与混凝土粘结抗剪强度(MPa)	C30,φ25,埋深 150mm	≥12
	C60,φ25,埋深 125mm	≥18
经 90d 湿热老化后的钢套筒粘结抗剪强度降低率(%)		<15
经低周反复拉力作用后的试件粘结抗剪强度降低率(%)		≤50

注：1. 快固型结构锚固胶无 A 级和 B 级之分；
　　2. 当快固型结构胶用于锚栓连接时，不需作钢片单剪法的抗剪强度检验。

 延伸阅读与深度理解

　　1) 以混凝土为基材的结构胶，其安全性指标包括粘结能力、长期使用性能和耐侵蚀性介质作用能力的鉴定。现分别说明如下：

　　(1) 基本性能鉴定。

　　由胶体性能鉴定与粘结性能构成（见表 B. 0. 2-1～表 B. 0. 2-3），对该表的构成补充两点：

　　① 在基本性能检验中，之所以纳入了胶体性能检验，是因为胶粘剂在承重结构中的应用，虽不以胶体的形式出现，但胶体的性能却与胶的粘结能力有着显著的相关性。如：

胶体拉伸强度高，其粘结强度也高；胶体的弯曲破坏呈韧性，则粘结的韧性也好。尤其是胶体的检验，由于不涉及被粘物的表面处理和粘结方式的影响问题，更能反映胶的本身质量。与此同时，还可借以判断受检结构胶在选料、配方、固化条件和胶的性能设计与控制上是否存在欠缺和不协调等问题。

② 本条表列的粘结性能指标和要求，是参照国外有关标准（包括著名品牌胶的企业标准），经本规范编制组所组织的验证性试验复核与调整后确定的。尤其是Ⅰ类胶，还经过《混凝土结构加固设计规范》GB 50367 近 15 年的实施，在大量工程实践中，验证了其可靠性。

（2）长期使用性能。

由耐环境作用能力的鉴定与耐长期应力作用能力的鉴定构成（表 B.0.6），其中需要补充说明的是：

① 对胶的耐老化性能鉴定标准，是参照原航空工业部《金属胶接结构胶粘剂规范》HB 5398 及近年研究成果，经使用温度调整和试验验证后制定的。至于热老化时间，则是根据工程结构胶使用时间较长的特点，参照国外名牌耐温胶的检验时间作了较大幅度的延长。

② 对胶的耐长期应力作用能力的检验，由于利用了 Findley 理论和公式，可以在5000h（210d）左右完成。

（3）耐介质侵蚀性能。

在胶的耐介质侵蚀性能的检验中，之所以作耐弱酸作用检验，是因为考虑到即使处于一般环境中的胶结构件，也会遇到酸雨、酸雾以及工业区大气污染的作用。另外，应注意的是本项检验结果不能用于有酸性蒸汽的工业建筑（如蒸馏车间等）。因为它们需要通过耐酸结构胶的专门检验，其鉴定应查阅相关标准。

2）室温固化：对未经改性的结构胶，指能在不低于 15℃ 的室温下进行正常化学反应的固化过程；对改性的结构胶，指能在不低于 5℃ 的室温下进行正常化学反应的固化过程。

B.0.3 以钢为基材，粘贴钢加固件和碳纤维复合材的室温固化型结构胶，其安全性能指标应包括粘结能力指标、长期工作安全性能指标和耐介质侵蚀能力指标，且应符合表 B.0.3-1、表 B.0.3-2 和表 B.0.6 的规定。

以钢为基材，粘贴钢加固件的结构胶粘结能力指标　　　　表 B.0.3-1

检验项目		检验条件	检验合格指标			
			Ⅰ类胶		Ⅱ类胶	Ⅲ类胶
			A级	B级		
钢对钢拉伸抗剪强度（MPa）	标准值	试件粘合后养护7d,到期立即在:(23±2)℃,(50%±5%)RH 条件下测试	≥18	≥15	≥18	
	平均值	(95±3)℃,10min	—	—	≥16	—
		(125±3)℃,10min	—	—	—	≥14
		(−45±2)℃,30min	≥20	≥17	≥20	

续表

检验项目	检验条件	检验合格指标			
		Ⅰ类胶		Ⅱ类胶	Ⅲ类胶
		A级	B级		
钢对钢对接接头抗拉强度（MPa）	试件粘合后养护7d,到期立即在：(23±2)℃,(50%±5%)RH条件下测试	≥40	≥33	≥35	≥38
钢对钢T冲击剥离长度（mm）		≤10	≤20	≤6	
钢对钢不均匀扯离强度（kN/m）		≥30	≥25	≥35	
热变形温度（℃）	使用0.45MPa的弯曲应力进行测试	≥65		≥100	≥130

注：表中各项指标，除标有标准值外，均为平均值。

以钢为基材，粘贴碳纤维复合材的结构胶粘结能力指标　　　　表 B. 0. 3-2

检验项目		检验条件	检验合格指标			
			Ⅰ类胶		Ⅱ类胶	Ⅲ类胶
			A级	B级		
钢对钢拉伸抗剪强度（MPa）	标准值	试件粘合后养护7d,到期立即在：(23±2)℃,(50%±5%)RH条件下测试	≥17	≥14	≥17	
	平均值	(95±2)℃,10min	—	—	≥15	—
		(125±3)℃,10min	—	—	—	≥12
		(-45±2)℃,30min	≥19	≥16	≥19	
钢对钢对接接头抗拉强度（MPa）		试件粘合后养护7d,到期立即在：(23±2)℃,(50%±5%)RH条件下测试	≥45	≥40	≥45	≥38
钢对钢T冲击剥离长度（mm）			≤10	≤20	≤6	
钢对钢不均匀扯离强度（kN/m）			≥30	≥25	≥35	
热变形温度（℃）		使用0.45MPa的弯曲应力进行测试	≥65		≥100	≥130

注：表中各项指标，除标有标准值外，均为平均值。

 延伸阅读与深度理解

以钢为基材的结构胶的安全性鉴定标准，系按以下五个原则制定的：

1）被粘物——钢材的表面处理应正确、到位，且符合该胶粘剂使用说明书的要求；

2）胶与钢板表面具有相容性，且不致腐蚀钢板，也不致形成弱界面；

3）粘结的破坏形式，应为胶层内聚破坏，不得为粘附破坏；

4）检验指标首先保证胶结的蠕变满足安全使用要求，在这一前提下，尽可能提高其剥离强度和断裂韧性；

5）钢结构构件的防护措施，应符合现行《钢结构设计标准》GB 50017 的规定。

B.0.4 以砌体为基材的结构加固用胶，其安全性指标的确定应符合下列规定：

1 以钢筋混凝土为面层的组合砌体构件，其加固用的结构胶的安全性能指标应按以混凝土为基材的结构胶的规定采用；

2 以素砌体为基材，粘贴钢板、纤维复合材及种植带肋钢筋、全螺纹螺杆和化学锚栓用的结构胶，其安全性能指标应分别按以混凝土为基材相应用途的 B 级胶的规定采用。

 延伸阅读与深度理解

（1）本条是对以砌体为基材的结构胶提出的性能要求。

（2）以混凝土为面层的组合砌体构件，它的表面特性及其与结构胶的相容性，均与混凝土基材一样。因此，其所用的结构胶的安全性鉴定应按以混凝土为基材的结构胶进行。

（3）传统的概念认为，砌体加固用的结构胶，其性能和质量还可以比混凝土的 B 级胶再低一个档次，以取得更好的经济效益。但自从弃用第一代未改性的结构胶以来，很多研制的数据表明，只要选用的改性材料和方法正确，其所配置的砌体用胶，在基本性能和耐久性能的合格指标制定上，很难做到与混凝土用的 B 级胶有显著差别，成本也不可能有大的下降。因此，本规范规定砌体用胶的安全性鉴定标准按混凝土用的 B 级胶确定。也可直接用 B 级胶，而无须另行配置砌体结构的专用胶。

B.0.5 以木材为基材，粘贴木材或钢材的结构加固用胶，其安全性能指标的确定应符合下列规定：

1 木材与木材粘结的安全性能指标，应符合表 B.0.5 的规定；

2 木材与钢材粘结的安全性能指标，应按钢结构加固用胶安全性能合格标准采用。

木材与木材粘结室温固化型结构胶安全性能指标　　　　表 B.0.5

检验的性能			合格指标	
			红松等软木松	栎木或水曲柳
粘结性能	胶缝顺木纹方向抗剪强度（MPa）	干试件	≥6.0	≥8.0
		湿试件	≥4.0	≥5.5
	木材对木材横纹正拉粘结强度 f_t^b（MPa）		$f_t^b \geq f_{t,90}$，且为木纹横纹撕拉破坏	
长期性能	以 20℃水浸泡 48h→—20℃冷冻 9h→室温置放 15h→70℃热烘 10h 为一循环；经 8 个循环后，测定胶缝顺纹抗剪破坏形式		沿木材剪坏的面积不得少于剪面面积的 75%	

 延伸阅读与深度理解

（1）本条是对以木材为基材的结构胶提出的性能要求；

（2）木材与结构胶的粘结能力受木材含水率的影响，所用木材含水率应符合现行《木结构设计标准》GB 50005 对胶合木结构用材的要求。

B.0.6 结构加固用胶（不包括木结构用胶）的长期工作安全性能应符合表 B.0.6 的规定；其耐介质侵蚀能力指标应符合现行专门标准的规定。

加固用结构胶长期工作安全性能指标   表 B.0.6

检验项目		检验条件	检验合格指标			
			I 类胶		II 类胶	III 类胶
			A 级	B 级		
耐环境作用	耐湿热老化能力	在 50℃、95%RH 环境中老化 90d 后，冷却至室温进行钢对钢拉伸抗剪试验	与室温下短期试验结果相比，其抗剪强度降低率(%)			
			≤12	≤18	≤10	≤12
	耐热老化能力	在下列温度环境中老化 30d (90d) 后，以同温度进行钢对钢拉伸抗剪试验	与同温度 10min 短期试验结果相比，其抗剪强度降低率			
		(95±2)℃	—	≤5	—	—
		(125±3)℃	—	—	—	≤5
	耐冻融能力	在 −25℃ ⟷ 35℃ 冻融循环温度下，每次循环 8h，经 50 次循环后，在室温下进行钢对钢拉伸抗剪试验	与室温下，短期试验结果相比，其抗剪强度降低率不大于 5%			
耐应力作用的能力	耐长期应力作用能力	在(23±2)℃、(50%±5%)RH 环境中承受 4MPa(5MPa)剪应力持续作用 210d	钢对钢拉伸抗剪试件不破坏，且蠕变的变形值小于 0.4mm			
	耐疲劳应力作用能力	在室温下，以频率 5Hz、应力比 5∶1.5(5∶1)、最大应力 4MPa(5MPa)的疲劳荷载进行钢对钢拉伸抗剪试验	经 $2 \times 10^6 (5 \times 10^6)$ 次等幅正弦波疲劳荷载作用后，试件不破坏			

注：表中括号内数值用于钢结构加固。

 延伸阅读与深度理解

考虑到既有建筑结构不同的使用环境，为保证加固工程在设计工作年限内的安全，因此对长期使用性能和耐介质侵蚀性能指标进行底线性规定。

参考文献

[1] 《强制性国家标准管理办法》(2020 年 1 月 6 日国家市场监督管理总局令第 25 号公布)。

[2] 《中华人民共和国标准化法》。

[3] 《建设工程质量管理条例》(中华人民共和国国务院令第 279 号)。

[4] 《建设工程抗震管理条例》(中华人民共和国国务院令第 744 号)。

[5] 住房和城乡建设部强制性条文协调委员会 . 房屋建筑标准强制性条文实施指南丛书 建筑结构设计分册 [M]. 北京：中国建筑工业出版社，2015.

[6] 魏利金 . 建筑结构设计常遇问题及对策 [M]. 北京：中国电力出版社，2009.

[7] 魏利金 . 建筑结构施工图审查常遇问题及对策 [M]. 北京：中国电力出版社，2011.

[8] 魏利金 . 建筑结构设计规范疑难热点问题及对策 [M]. 北京：中国电力出版社，2015.

[9] 魏利金 . 《建筑工程设计文件编制深度规定》(2016 年版)范例解读 [M]. 北京：中国建筑工业出版社，2018.

[10] 魏利金 . 结构工程师综合能力提升与工程案例分析 [M]. 北京：中国电力出版社，2021.

[11] 段尔焕，魏利金，等 . 现代建筑结构技术新进展 [M]. 昆明：原了能出版社，2004.

[12] 魏利金 . 《工程结构通用规范》应用解读及工程案例分析 [M]. 北京：中国建筑工业出版社，2022.

[13] 魏利金 . 《建筑与市政工程抗震通用规范》应用解读及工程案例分析 [M]. 北京：中国建筑工业出版社，2022.

[14] 魏利金 . 《建筑与市政工程地基基础通用规范》应用解读及工程案例分析 [M]. 北京：中国建筑工业出版社，2022.

[15] 魏利金 . 《混凝土结构通用规范》应用解读及工程案例分析 [M]. 北京：中国建筑工业出版社，2023.

[16] 魏利金 . 纵论建筑结构设计新规范与 SATWE 软件的合理应用 [J]. PKPM 新天地，2005 (4)：4-12；(5)：6-12.

[17] 魏利金 . 试论北京某三叠 (三错层) 高层超限住宅结构设计 [C] //第十九届全国高层建筑结构学术交流会论文集，2006：444-451.

[18] 魏利金 . 天津海河大道国际公寓结构设计 [C] //第十九届全国高层建筑结构学术交流会论文集，2006：479-487.

[19] 魏利金 . 现浇空心板在双向板中布管方式的论述 [C] //全国现浇混凝土空心楼盖结构技术交流会论文集，2005：258-261.

[20] 魏利金 . 多层住宅钢筋混凝土剪力墙结构设计问题的探讨 [J]. 工程建设与设计，2006 (1)：24-26.

[21] 魏利金 . 试论结构设计新规范与 PKPM 软件的合理应用问题 [J]. 工业建筑，2006 (5)：50-55.

[22] 魏利金 . 三管钢烟囱设计 [J]. 钢结构，2002 (6)：59-62.

[23] 魏利金 . 高层钢结构在工业厂房中的应用 [J]. 钢结构，2000 (3)：17-20.

[24] 魏利金 . 钢筋混凝土折线型梁强度和变形设计探讨 [J]. 建筑结构，2000 (9)：47-49.

[25] 魏利金 . 大型工业厂房斜腹杆双肢柱设计中几个问题的探讨 [J]. 工业建筑，2001 (7)：15-17.

[26] 魏利金 . 试论现浇钢筋混凝土空心板在高层建筑中的设计 [J]. 工程建设与设计，2005 (3)：32-34.

[27] 魏利金 . 多层钢筋混凝土剪力墙结构设计中若干问题的探讨 [J]. 工程建设与设计，2006 (1)：18-22.

[28] 李峰，魏利金 . 试论中美风荷载转换关系 [J]. 工业建筑，2009 (9)：114-116.

[29] 魏利金 . 高烈度区某超限复杂高层建筑结构设计与研究 [J]. 建筑结构，2012 (42).

[30] 魏利金. 宁夏万豪酒店超限高层动力弹塑性时程分析 [J]. 建筑结构, 2012 (42).

[31] 魏利金. 复杂超限高位大跨连体结构设计 [J]. 建筑结构, 2013 (1): 12-16.

[32] 魏利金, 等. 宁夏万豪大厦复杂超限高层建筑结构设计与研究 [J]. 建筑结构, 2013, 43 (增刊): 6-14.

[33] 魏利金. 天津海河大道国际公寓5♯楼超限高层住宅结构设计 [C] //第七届中日建筑结构技术交流会论文集, 368-374.

[34] 魏利金. 套筒式多管烟囱结构设计 [J]. 工程建设与设计, 2007 (8): 22-26.

[35] 魏利金. 试论三管钢烟囱加固设计 [J]. 建筑结构, 2007, 37 (增刊): 104-106.

[36] 魏利金. 试论中关村大河庄苑办公楼结构设计 [C] //第十八届全国高层建筑结构学术交流会议论文集. 2004: 542-547.

[37] 魏利金. 对台湾九二一集集大地震建筑震害分析 [C] //地震研究与工程抗震论文集, 2003: 102-104.